职业教育联盟 OCCUPATION EDUCATION ALLIANCE | 成就百万精英 引领行业发展

Photoshop 应用设计

主　编　卢卫中　张　化
副主编　向　魏　刘莉莉　邓国宾　石　芸
参　编　詹　静　游晴尧　程　婷　陈　伟　朱　波
丁　杨　李若娟　杨丽芳　曹玉婵　张　倩
钟光秀

电子科技大学出版社
University of Electronic Science and Technology of China Press
·成都·

图书在版编目(CIP)数据

Photoshop应用设计 / 卢卫中，张化主编. -- 成都：电子科技大学出版社，2019.1
ISBN 978-7-5647-6712-9

Ⅰ. ①P… Ⅱ. ①卢… ②张… Ⅲ. ①图像处理软件－职业教育－教材 Ⅳ. ①TP391.413
中国版本图书馆CIP数据核字（2019）第004736号

Photoshop应用设计
PHOTOSHOP YINGYONG SHEJI

卢卫中　张　化　主编

策划编辑　郭蜀燕
责任编辑　郭蜀燕
出版发行　电子科技大学出版社
　　　　　成都市一环路东一段159号电子信息产业大厦　邮编 610051
主　　页　www.uestcp.com.cn
服务电话　028-83203399
邮购电话　028-83201495

印　　刷　四川煤田地质制图印刷厂
成品尺寸　210mm×285mm
印　　张　14.5
字　　数　360千字
版　　次　2019年1月第一版
印　　次　2019年1月第一次印刷
书　　号　ISBN 978-7-5647-6712-9
定　　价　98.00元

前 言

欢迎学习职业教育联盟校企合作系列课程（OEAC），职业教育联盟由全国几十所优秀的职业教育学校组成。课程研发团队是由一线教学经验非常丰富的老师、企业中工作经验非常丰富的行业专家及教育行业专家组成。我们的纲领是：培养500万IT行业精英；我们的使命是：引领职业教育行业的发展。

本系列课程充分考虑了读者的阅读习惯和学习习惯，在编排上做了非常科学的安排。

- 整本书分为理论部分和上机部分。上机和理论是一对一的关系，学完理论马上就上机操作，一来可以提高理论的应用能力，二来可以巩固所学的理论知识。
- 理论部分编排结构包含学习目标、本章单词、预习任务、课程内容、总结、作业、扩展练习七个部分，这个编排结构可以让读者更加轻松、高效地学习。
- 上机部分编排结构包含指导和练习两个阶段。指导阶段包含问题描述、分析、解决方案三个部分，这个阶段主要是通过分析问题帮助读者理清解决问题的思路，通过模仿增强熟练度。练习阶段只有问题描述，没有给出解决方案，锻炼读者自己解决问题的能力，举一反三。
- 每本课程都有实战项目，让读者在提高应用能力的同时获得项目经验，真正体现了学以致用的指导方针。
- 采用图文结合的编排方式，宽松的版式让读者阅读非常轻松。

本系列课程由大量的老师及专家给予支持和帮助，由于参与本系列课程研发的人数多，在这里没有一一列出他们的名字，在此由衷地感谢他们！在编写过程中，还有一些图例和片段无法确定作者与出处，在此也向他们深表感谢，并请原作者与出版社或主编本人联系。同时希望读者和同行人士多提宝贵意见和建议。

本系列课程非常适合作为教材使用，也非常适合自学使用。

编 者

2018年10月1日

目 录

理论部分

上机部分

理论部分

第1章　初识Photoshop

学习目标

了解Photoshop应用领域

认识Photoshop工作界面

掌握文件基本操作

预习任务

1. 上网浏览、搜集Photoshop应用领域相关图片。(参考本章1.2节)

2. Photoshop是目前最常用的位图图像处理软件（　　）。(判断题)

3. Photoshop中的RGB模式指的是（红、黄、蓝）模式（　　）。(判断题)

4. 图像分辨率的单位通常为（　　）。(选择一项)

A.dpi　　B.ppi　　C.dpa　　D.ppa

5. 在Photoshop中，可以将图像处理过程的信息保存下来，并可以进行后续修改的文件格式是（　　）。(选择一项)

A. jpg　　B.bmp　　C.gif　　D.psd

6. 下面对于"图像大小"和"画布大小"的描述，不正确的是（　　）。(选择一项)

A. "画布大小"命令不可以改变图像分辨率，而"图像大小"则可以。

B. "图像大小"命令可以在改变图像长宽比时，改变图像的画面，而"画布大小"不可以。

C. "图像大小"命令可以在不损失像素的情况下缩小图像，而"画布大小"命令则不可以。

D. "图像大小"命令无法扩展画布，而"画布大小"命令可以。

7. （　　）颜色模式的图像中没有颜色信息。(选择一项)

A. RGB　　B.Lab　　C.灰度　　D.位图

1.1 Photoshop的诞生与发展历程

Adobe Photoshop作为一款标准工业化的图像处理软件和最先应用PSD文档格式的图像处理软件，其发展可追溯到20世纪80年代末。

1987年秋，美国密歇根大学博士研究生托马斯·洛尔（Thomes Knoll）编写了一个叫做Display的程序，用来在黑白位图显示器上显示灰阶图像。托马斯的哥哥约翰·洛尔（John Knoll）在一家影视特效公司工作，他让弟弟帮他编写一个处理数字图像的程序，于是托马斯重新修改了Display的代码，使其具备羽化、色彩调整和颜色校正功能，并可以读取各种格式的文件。这个程序被托马斯改名为Photoshop。图1.1所示为Photoshop创造者托马斯·洛尔和约翰·洛尔。

图1.1 Photoshop创造者

洛尔兄弟最初把Photoshop交给了一家扫描仪公司，它的首次上市是与BarneyscanXP扫描仪捆绑发行的，版本为0.87。后来Adobe买下了Photoshop的发行权，并于1990年2月推出了Photoshop 1.0。当时的Photoshop只能在苹果机（Mac）上运行，功能上也只有工具箱和少量的滤镜，但它的推出却给计算机图像处理行业带来了巨大的冲击。

1991年2月，Adobe推出了Photoshop2.0，新版本增加了路径功能，支持栅格化Illustrator文件，支持CMYK，最小分配内存也由原来的2MB增加到了4MB。该版本的发行引发了桌面印刷的革命。此后，Adobe公司开发了一个Windows视窗版本Photoshop 2.5。1995年3.0版本发行，增加了图层。1996年4.0版本中增加了动作、调整图层、标明版权的水印图像。1998年的5.0版本中增加了历史记录调板、图层样式、撤销功能、垂直书写文字等。从5.02版本开始，Photoshop首次为中国用户设计了中文版。1998年发布的Photoshop 5.5中，首次捆绑了ImageReady，从而填补了Photoshop在Web功能上的欠缺。2000年9月推出的6.0版本中增加了Web工具，矢量绘图工具，并增强了层管理功能。2002年3月Photoshop7.0发布，增强了数码图像的编辑功能。

2003年9月，Adobe公司将Photoshop与其他几个软件集成为Adobe Creative Suite CS套装，这一版本成为Photoshop CS，功能上增加了镜头模糊、镜头校正以及智能调节不同区域亮度的数码照片编修功能。2005年推出了Photoshop CS2，增加了消失点、Bridge、智能对象、污点修复画笔工具、红眼工具等。2007年推出了Photoshop CS3，增加了智能滤镜、视频编辑功能、3D功能等，软件界面也重新设计了。2008年9月发布Photoshop CS4，增加了旋转画布、绘制3D模型、GPU显卡加速等功能。2010年4月 Photoshop CS5发布，随之而来的是令人印象深刻的内容感知填充功能、操控变形工具和3D工具等。2012年5月 Photoshop CS6发布，大幅度提升了Photoshop对图像处理的性能，同时增强了Photoshop的视频编辑和3D功能。2013年7月，Adobe公司推出了新版本的Photoshop CC，自此，Photoshop CS6作为Adobe CS系列的最后一个版本被新的CC系列取代。截至2018年5月15日Adobe Photo-shopCC2018为市场最新版本，如图1.2所示。

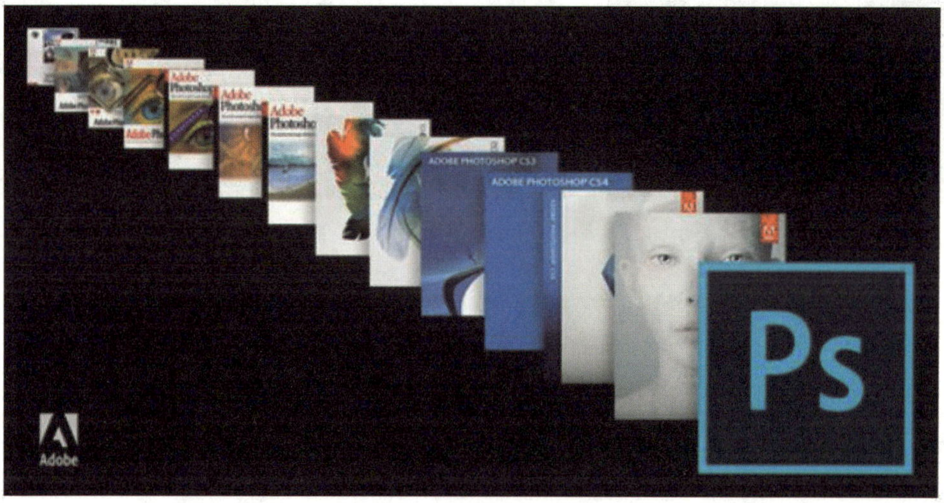

图1.2　历代Photoshop包装

Adobe公司成立于1982年，总部位于美国加州的圣何塞市，其产品遍及图形设计、图像制作、数码视频、电子文档和网页制作等领域。除了大名鼎鼎的Photoshop外，我们所熟知的矢量图形编辑软件Illustrator、动画软件Flash、专业排版软件InDesign、网页编辑软件Dream-weaver、影视编辑及特效制作软件Premiere和After Effects等均出自该公司。

1.2　Photoshop的应用领域

Photoshop是世界上最优秀的图像编辑软件，它的应用十分广泛，不论是平面设计、3D动画、数码艺术、网页制作、矢量绘图、多媒体制作还是桌面排版，Photoshop在每一个领域都发挥着不可替代的重要作用。

1.2.1　在平面设计中的应用

Photoshop的出现不仅引发了印刷业的技术革命，也成为图像处理领域的行业标准。在平面设计与制作中，Photoshop以及完全渗透到了平面广告、包装、海报、POP、书籍装帧、印刷、制版等各个环节，如图1.3和图1.4所示。

图 1.3

图 1.4

1.2.2　在界面设计中的应用

在以往的软件界面、游戏界面，到如今的手机操作界面、平板、智能家居等，界面设计这一新兴行业也伴随着计算机、网络和智能电子产品的普及而迅猛发展。界面设计与制作主要是用 Photoshop 来完成的，使用 Photoshop 的渐变、图层样式和滤镜等功能可以制作出各种真实的质感和特效，如图 1.5 所示。

图 1.5　开心消消乐

1.2.3　在网页设计中的应用

Photoshop 是设计网站的首选软件，设计师通过图像设计软件直接作出客户需要的网站页面雏形，具有较强的表达能力，客户可以直观的看到网页效果，并根据他们的需求提出一些比较明了的建议。如果客户对你设计的样稿很满意，设计师就可以直接切图接着往下做了，如图 1.6 所示。

图1.6　花瓣网

1.2.4　在数码摄影后期处理中的应用

作为最强大的图像处理软件，Photoshop可以完全从照片的扫描与输入，到校色、图像修正，再到分色输出等一系列专业化的工作，不论是色彩与色调的调整，照片的校正、修复与润饰，还是图像创造性的合成，在Photoshop中都可以找到最佳的解决办法，如图1.7和图1.8所示。

图1.7　处理后

图1.8　处理前

1.2.5　在效果图后期制作中的应用

制作建筑效果图时，渲染出的图片通常都要在Photoshop中做后期处理，如添加人物、车辆、植物、天空、景观和各种装饰品等，这样不仅节省渲染时间，也增强了画面的美感，如图1.9和图1.10所示。

图 1.9　室内效果图

图 1.10　室内效果图

1.3　Photoshop 界面认识

Photoshop 的工作界面中包含菜单栏、文档窗口、工具箱、工具选项栏以及面板等组件，如图 1.11 所示。

图 1.11　Photoshop 工作界面

- 菜单栏：菜单中包含可以执行的各种命令。单击菜单名称即可打开相应的菜单。
- 标题栏：显示了文档名称、文件格式、窗口缩放比例和颜色模式等信息。如果文档中包含多个图层，则标题栏中还会显示当前工作的图层的名称。
- 工具箱：包含用于执行各种操作的工具，如创建选区、移动图像、绘画、绘图等。
- 工具选项栏：用于设置工具的各种选项，它会随着所选工具的不同而改变内容。
- 面板：可以帮助我们编辑图像。有的用来设置编辑内容，有的用来设置颜色属性。
- 状态栏：可以显示文档大小、文档尺寸、当前工具和窗口缩放比例等信息。
- 文档窗口：文档窗口是显示和编辑图像的区域。

1.3.1　菜单栏

Photoshop CC 有 11 个主菜单，如图 1.12 所示，每个菜单内都包含一系列的命令。例如，“文件”菜单包含的是用于设置文件的各种命令；“滤镜”菜单中包含的是各种滤镜。

图 1.12　菜单栏

1. 打开菜单

单击一个菜单即可打开该菜单，在菜单中，不同功能的命令之间采用分隔线隔开。带有黑色三角标记的命令表示还包含有下拉菜单，如图1.13所示。

图1. 13

2. 执行菜单中的命令

选择菜单中的一个命令即可执行该命令，如果命令后面有快捷键，则按下快捷键可快速执行该命令。例如，按下Ctrl+A快捷键可执行“选择→全部”命令，如图1.14所示。有些命令只提供了字母，要通过快捷方式执行这样的命令，可按下Alt键+主菜单的字母，打开主菜单；再按下命令后面的字母，执行该命令。例如，按下Alt+L+D键可执行“图层→复制图层”命令，如图1.15所示。

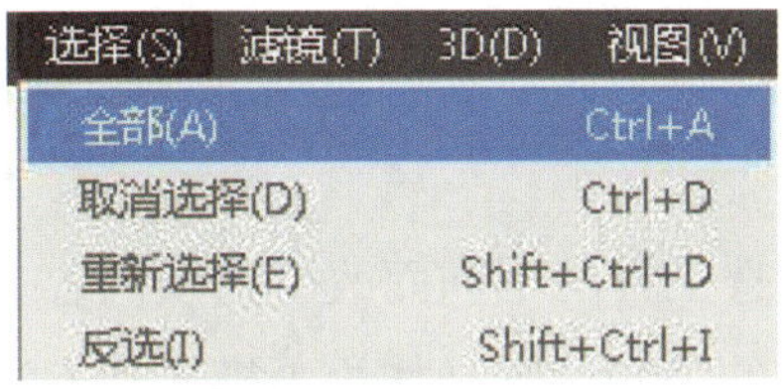

图1.14

图1.15

1.3.2 工具箱

Photoshop的工具箱中包含了用于创建和编辑图像、图稿、页面元素的工具和按钮，如图1.16所示。单击工具箱顶部的双箭头▸▸，可以将工具箱切换为单排（或双排）显示。单排工具箱可以为文档窗口让出更多的空间。

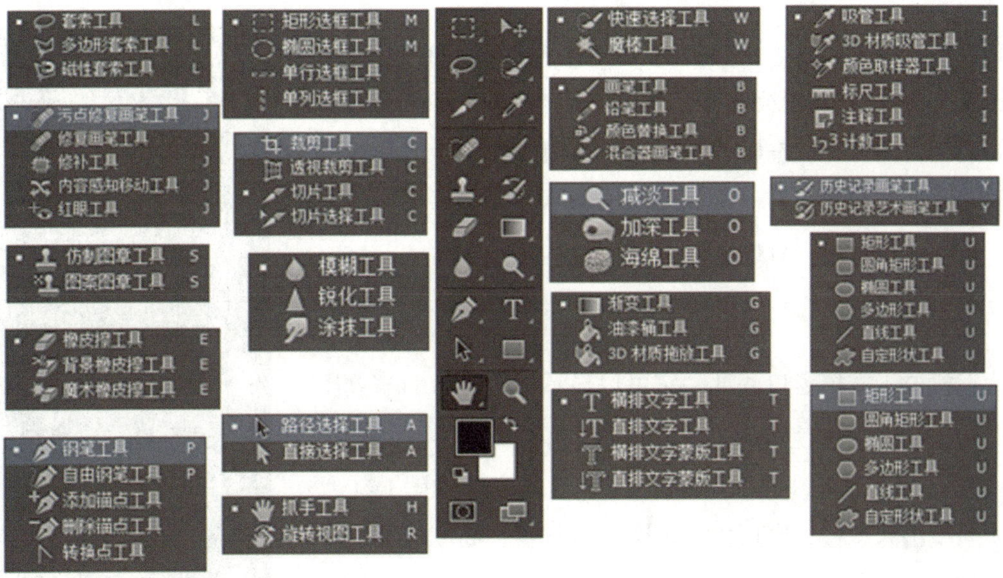

图1.16

1. 移动工具箱

默认情况下，工具箱停放在窗口左侧。将光标放在工具箱顶部双箭头右侧，单击并向右侧拖动鼠标，可以将工具箱从停放中拖出，放在窗口的任意位置。

2. 选择工具

单击工具箱中的一个工具即可选择该工具，如图1.17所示。如果工具右下角带有三角形图标，表示这是一个工具组，在这样的工具上按住鼠标按键可以显示隐藏的工具，如图1.18所示；将光标移动到隐藏的工具上然后放开鼠标，即可选择该工具。常用的工具都有相应的快捷键，因此，我们可以通过按下快捷键来选择工具。按下Shift+工具快捷键，可在一组隐藏的工具中循环选择各个工具。

图1.17

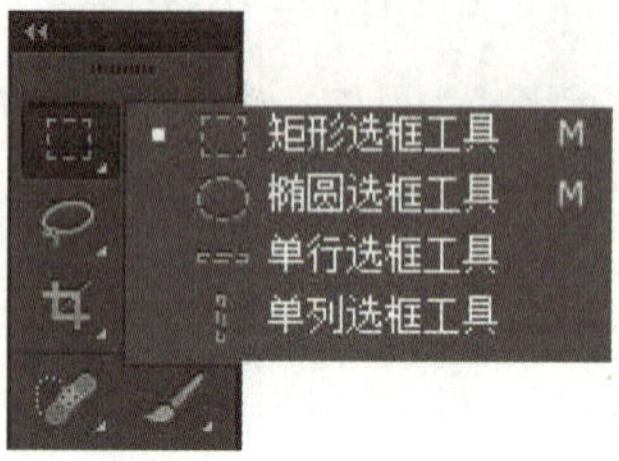

图1.18

1.3.3 工具选项栏

工具选项栏用来设置工具的选项，它会随着所选工具的不同而改变选项内容。图1.19所示为选择画笔工具时显示的选项。工具选项栏中的一些设置（如绘画模式和不透明度）对于许多工具都是通用的，但有些设置（如铅笔工具的“自动抹除”）却专用于某个工具。具体工具选项栏更多的属性我们将在后边讲解具体工具时详细讲解。

图1.19

1.3.4 控制面板

面板用来设置颜色、工具参数，以及执行编辑命令。Photoshop中包含20多个面板，我们可以在“窗口”菜单中选择需要的面板将其打开。在默认情况下，面板以选项卡的形式成组出现，并停靠在窗口右侧，如图1.20所示，我们可根据需要打开、关闭或是自由组合面板。

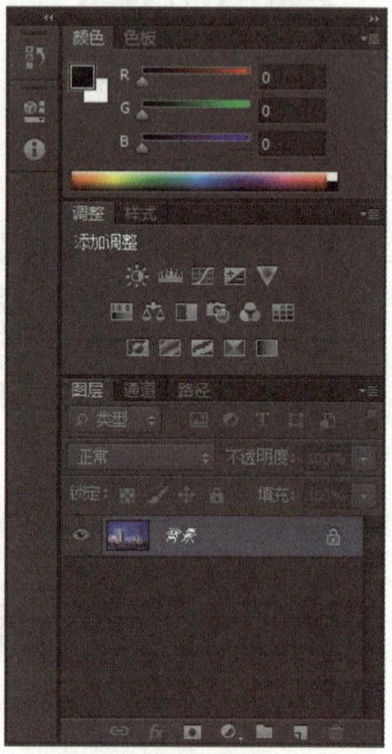

图1.20

1.3.5 状态栏

状态栏位于文档窗口底部，它可以显示文档窗口的缩放比例、文档大小、当前使用的工具等信息。单击状态栏中的按钮，可在打开的菜单中选择状态栏的显示内容，如图1.21所示。如果单击状态栏，则可以显示图像的宽度、高度、通道等信息，如图1.22所示。

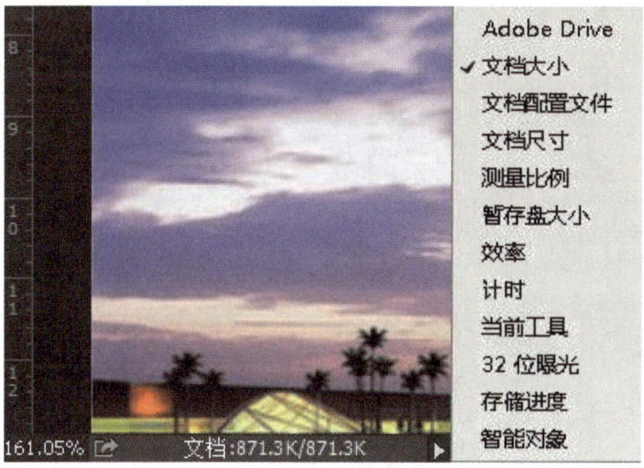

图 1.21

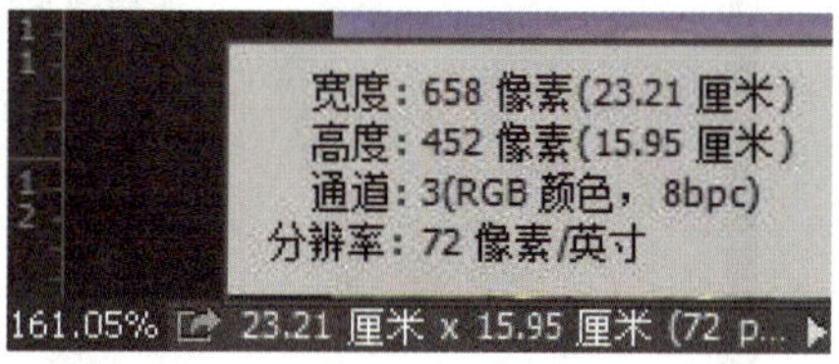

图 1.22

1.3.6　辅助工具

1. 标尺

标尺可以帮助我们确定图像或元素的位置。执行“视图→标尺”命令或按下 Ctrl+R 快捷键，标尺便会出现在窗口顶部和左侧，如图 1.23 所示。如果此时移动光标，标尺内的标记会显示光标的精确位置。

图 1.23

2. 参考线

（1）将光标放在水平标尺上，单击并向下拖动鼠标可以脱出水平参考线；采用同样方法可在垂直标尺上拖出垂直参考线，如图 1.24 所示。

图 1.24

（2）如果要移动参考线，可选择移动工具，将光标放在参考线上，光标会变为双向箭头状，单击并拖动鼠标即可移动参考线，创建或者移动参考线时如果按住 Shift 键，可以使参考线与标尺上的刻度对齐。

（3）将参考线拖回标尺，可将其删除；如果要删除所有参考线，可以执行“视图→清除参考线”命令。

3. 智能参考线

智能参考线是一种智能化的参考线，它只在需要时出现。我们使用移动工具进行移动操作时，通过智能参考线可以对齐形状、切片和选区。执行“视图→显示→智能参考线”命令可以启用智能参考线。如图 1.25、图 1.26 所示为移动对象时显示的智能参考线。

图 1.25

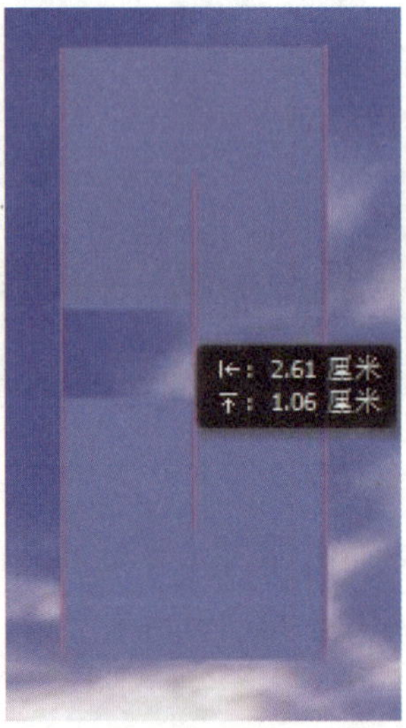

图 1.26

4. 网格

网格对于对称地布置对象非常有用。打开一个文件，如图 1.27 所示，执行“视图→显示→网格”命令，可以显示网格，如图 1.28 所示。显示网格后，可执行“视图→对齐→网格”

命令启用对齐功能，此后进行创建选区和移动图像等操作时，对象会自动对齐到网格上。

图 1.27

图 1.28

1.4　图像处理基础

计算机图形主要分为两类，一类是位图图像，另外一类是矢量图形。Photoshop 是典型的位图软件，但它也包含矢量功能（如文字、钢笔工具）。下面，我们就来了解与这两种图形有关的概念，以便为以后学习图像处理打下基础。

1.4.1　像素与分辨率

1. 像素

像素是组成位图图像最基本的元素。每一个像素都有自己的位置，并记载着图像的颜色信息，一个图像包含的像素越多，颜色信息就越丰富，图像效果也会更好，不过文件也会随之增大。

2. 分辨率

分辨率是指单位长度内包含的像素点的数量，通常用像素/英寸（ppi）表示。分辨率决定了位图细节的精细程度，通常情况下，分辨率越高，包含的像素点就越多，图像就越清晰。

3. 像素与分辨率的关系

像素与分辨率是两个密不可分的重要概念，他们的组合方式决定了图像的数据量。例如，同样是在1×1平方英寸的两个图像，分辨率为72ppi的图像中包含5184个像素点（72×72=5184）；而分辨率为300ppi的图像则包含多达90000个像素点。相同打印尺寸的图像，高分辨率比低分辨率包含较多的像素，因而像素点也更小。

要确定使用的图像分辨率，应考虑图像最终发布的媒介。如果图像用于屏幕显示或网络，可以将其设置为72ppi/96ppi；如果图像用于喷墨打印机打印，可以将分辨率设置为100~150ppi；如果用于印刷，则应设置为300ppi。

1.4.2　图像种类

1. 位图的特征

位图图像在技术上称为栅格图像，它是由像素（pixel）组成的，我们在Photoshop中处理图像时，编辑的就是像素。打开一个图像，如图1.29所示，使用缩放工具 在图像上连续单击，直至工具中间的“+”消失，画面中会出现许多彩色的小方块，它们便是像素，如图1.30所示。

图1.29

图1.30

另外，由于受到分辨率的制约，位图包含固定数量的像素，在对其缩放或旋转时，Photoshop无法生成新的像素，它只能将原有的像素变大以填充多出的空间，产生的结果往往会使清晰地图像变得模糊，也就是我们通常所说的图像变虚了。

2. 矢量图的特征

矢量图是图形软件通过数学的向量方式进行计算得到的图形，它与分辨率没有直接关系，因此，可以任意缩放和旋转而不会影响图形的清晰度和光滑性。图1.31为一幅矢量插画，图1.32是将其放大600%后的局部效果。我们可以看到，图形仍然光滑、清晰。矢量图的这一特点非常适合制作图标、Logo等需要经常缩放，或者按照不同打印尺寸输出的文件内容。

矢量图占用的存储空间要比位图小很多。但它不能创建过于复杂的图形，也无法像照片等位图那样表现丰富的颜色变化和细腻的色调过渡。

图1.31

图1.32

1.4.3 颜色模式

Photoshop中的颜色模式决定了用于显示和打印所处理图像的颜色方法，可以通过新建面板颜色模式下拉菜单中选择新建某种模式的图像文档，也可通过“图像→模式”命令修改颜色模式。

1. 位图模式

位图模式只有纯黑和纯白两种颜色，适合制作艺术样式或用于创作单色图形。彩色图像转换为该模式后，色相和饱和度信息都会被删除，只保留亮度信息。只有灰度和双色调模式才能够转换为位图模式。

2. 灰度模式

灰度模式的图像不包含颜色，彩色图像转换为该模式后，色彩信息都会被删除。灰度图像中的每个像素都有一个0~255的亮度值，0代表黑色，255代表白色，其他值代表了黑白之间的过渡的灰色。在8位图像中，最多有256级灰度，在16位和32位图像中，图像中的级数比8位图像要大得多。

3. 双色调模式

双色调模式采用一组曲线来设置各种颜色的油墨，可以得到比单一通道更多的色调层次，能在打印中表现更多的细节。双色调模式还可以为三种或四种油墨颜色制版。

4. 索引模式

使用256种或更少的颜色替代全彩图像中上百万种颜色的过程叫做索引。Photoshop会构建一个颜色查找表（CLUT），存放图像的颜色。如果原图像中的某种颜色没有出现在该表中，则程序会选取最接近的一种，或使用仿色以现有颜色来模拟改颜色。索引模式是GIF文件默认的颜色模式。

5. RGB颜色模式

RGB是一种加色混合模式，它通过红、绿、蓝3种原色光混合的方式来显示颜色，如图1.33所示，计算机显示器、扫描仪、数码相机、电视、幻灯片、网络、多媒体等都采用这种模式。在24位图像中，每一种颜色都有256种亮度值，因此，RGB颜色模式可以重现1670万种颜色（256×256×256）。RGB颜色模式中，分别代表红色、绿色和蓝色。

图 1.33

6. CMYK颜色模式

CMYK是一种减色混合模式，如图1.34所示。它是指本身不能发光，但能吸收一部分光，并将余下的光反射出去的色料混合，印刷用油墨、燃料、绘画颜料等都属于减色混合。CMYK是常用于商业印刷的一种四色印刷模式，它的色域（颜色范围）要比RGB模式小，只有制作要用印刷色打印的图像时，才使用该模式。CMYK分别代表青色、品红、黄色、黑色。在CMYK模式下，可以为每个像素的每种印刷油墨指定一个百分比值。

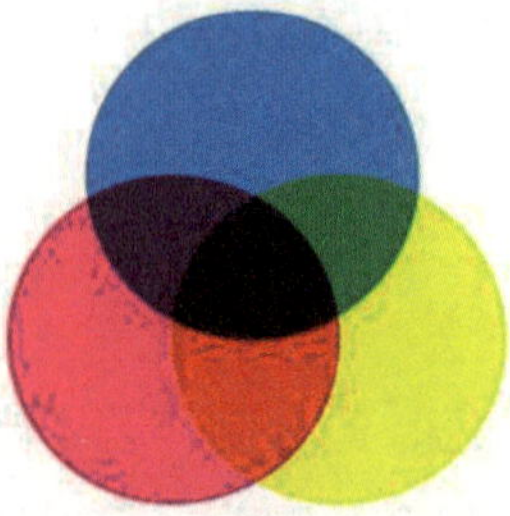

图 1.34

7. Lab颜色模式

Lab模式是Photoshop进行颜色模式转换时使用的中间模式。例如：将RGB图像转换为CMYK模式时，Photoshop会先将其转换为Lab模式，再由Lab转换为CMYK模式。因此，Lab的色域最宽，它涵盖了RGB和CMYK的色域。L代表了亮度分量，它的范围为0～100；a代表了由绿色到红色的光谱变化；b代表了由蓝色到黄色光谱变化。颜色分量a和b的取值范围均为−128～+127。

8. 多通道模式

多通道是一种减色模式，将RGB图像转换为该模式后，可以得到青色、洋红和黄色通道。此外，如果删除RGB、CMYK、Lab模式的某个颜色通道，图像会自动转换为多通道模式。在多通道模式下，每个通道都使用256级灰度。进行特殊打印时，多通道图像十分有用。

1.4.4 常见文件格式

1. PSD

PSD是Photoshop默认的文件格式，它可以保留文档中的所有图层、蒙版、通道、路径、未栅格化的文字、图层样式等。通常情况下，我们都是将文件保存为PSD格式，以后可以随时修改。PSD是除大型文档格式（PSB）之外支持所有Photoshop功能的格式。其他Adobe程序，如Illustrator、Indesign、Premiere等都可以直接置入PSD文件。

2. BMP

BMP是一种用于Windows操作系统的图像格式，主要用于保存位图文件。该格式可以处理24位颜色的图像，支持RGB、位图、灰度和索引模式，但不支持Alpha通道。

3. TIFF

TIFF是一种通用的文件格式，所有的绘画、图像编辑和排版程序都支持该格式。而且，几乎所有的桌面扫描仪都可以产生TIFF图像。该格式支持具有Alpha通道的CMYK、RGB、Lab、索引颜色和灰度图像，以及没有Alpha通道的位图模式图像。Photoshop可以在TIFF文件中存储图层，但是，如果在另一个应用程序中打开该文件，则只有拼合图像是可见的。

4. JPEG

JPEG是由联合图像专家组开发的文件格式。它采用有损压缩方式，具有较好的压缩效果，但是将压缩品质数值设置得较大时，会损失掉图像的某些细节。JPEG格式支持RGB、CMYK和灰度模式，不支持Alpha通道。

5. EPS

EPS是为PostScript打印机上输出图像而开发的文件格式。几乎所有的图形、图表和页面排版程序都支持该格式。EPS格式可以同时包含矢量图形和位图图像，支持RGB、CMYK、位图、双色调、灰度、索引和Lab模式，但不支持Alpha通道。

6. GIF

GIF是基于在网络上传输图像而创建的文件格式，它支持透明背景和动画，被广泛地应用在网络文档中。GIF格式采用LZW无损压缩方式，压缩效果较好。

7. PNG

PNG是作为GIF的无专利替代产品而开发的，用于无损压缩和在Web上显示图像。与GIF不同，PNG支持24位图像并产生无锯齿状的透明背景，但某些早期的浏览器不支持该格式。

1.5 文件的基本操作

1.5.1 打开文件

在启动Photoshop后，程序窗口中并没有任何图像文件，必须新建或打开一个图像文件才能使用Photoshop中的各种功能对其进行编辑与处理。

1. 使用“打开”命令打开文件

如果需要对已经编辑过或编辑好的文件（他们不在程序窗口）继续或重新编辑，或者需要打开一些以前的绘图资料、图片进行处理等，可以使用“打开”命令来打开文件。

（1）菜单栏“文件→打开”命令

（2）快捷键Ctrl+O

（3）双击Photoshop图像窗口灰色区域

2. 使用“打开为”命令打开文件

在菜单中执行“文件→打开为”命令（或用快捷键Alt+Shift+Ctrl+“O”），在弹出的对话框中选择好所需的文件后单击“打开”按钮（或双击），即可将该文件打开到程序窗口中。

它与“打开”命令不同的是，所要打开的文件类型要与“打开为”下拉列表中的文件类型一致，否则不能打开此文件。而“打开”命令则可以打开所有Photoshop支持的文件。

3. 打开最近使用过的文件

利用“最近打开文件”命令，可以打开最近处理或编辑过的文件，在菜单中执行“文件→最近打开文件”命令，在“最近打开文件”子菜单中选择所需的文件即可。

1.5.2 存储文件

1. 使用“存储为”命令存储文件

如果在操作时不想对原图像进行编辑与修改，则可以将其另存为一个副本进行编辑与修改。在菜单中执行“文件→存储为”命令（或快捷键Ctrl+Alt+S），它的作用在于对保存过的文件另存为其他文件或其他格式的文件。

2. 使用“存储”命令存储文件

“存储”命令经常用于存储对当前文件所做的更改，每一次存储都将会替换前面的内容。如果是打开的或者是编辑好已经存储过的文件，并且不想替换原文件或原来的内容，则需使用“存储为”命令。在菜单中执行“文件→存储”命令（或快捷键Ctrl+S），即可将刚编辑的内容保存起来。

3. 利用存储为Web所用格式命令存储文件

利用“存储为Web所用格式”命令，可以将图像保存为适合于网页使用的格式。在菜单中执行“文件→存储为Web所用格式”命令（或快捷键Ctrl+Alt+Shift+S），即可存储优化的网页图像，可对选项的设置优化网页图像，保存类型选择HTML+图像文件。

1.5.3 新建文件

如果要建立一个新的图像文档，可以在菜单中执行“文件→新建”命令（或快捷键Ctrl+N），在弹出的对话框中设置新建文档的名称、大小、分辨率、模式、背景内容和颜色配置文档等，确认输入的内容无误后，单击“确定”按钮，这样就建立了一个空白的新图像文档。

1.5.4 置入文件

可以使用“文件→置入”命令将图片放入图像中的一个新图层中。在Photoshop中可以置入PSD、JPEG、BMP、PDF、Adobe Illustrator（简称AI）和EPS文件。PDF、AI或EPS文件在置入之后都会被栅格化，因而用户无法编辑所置入图片中的文本或矢量数据。

1.5.5 恢复文件

在编辑文件的过程中，有时需要回到上一次存储时的状态或打开时的状态。可以在菜单中执行“文件→恢复”命令或在键盘上按“F12”键。

1.5.6 关闭文件

在编辑和绘制好一幅作品后，需要存储并关闭该图像窗口。在图像窗口标题栏上单击

（关闭）按钮，或在菜单中执行“文件→关闭”命令（或快捷键Ctrl+W），即可将存储过的图像文件直接关闭。

1.6 修改图像及画布大小

1.6.1 修改图像大小

执行“图像→图像大小”命令（或快捷键Ctrl+Alt+I），如图1.35所示，可调整图像的文档大小和分辨率。宽和高默认是锁定在一起的，其中的一个数值改变后，另一个值也会跟着按比例变化，也可取消锁定，不成比例缩放，如图1.36所示。

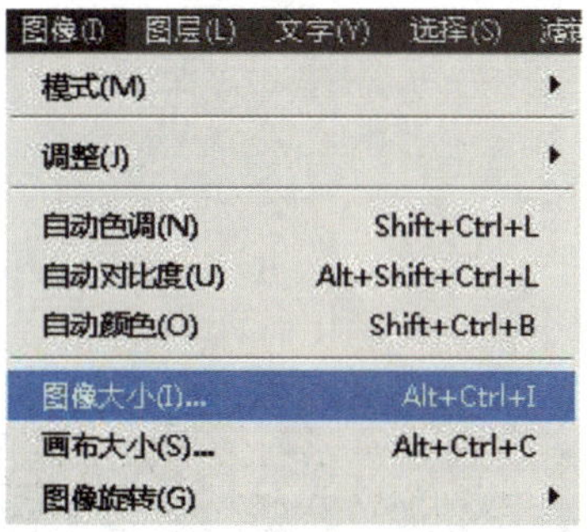

图1.35

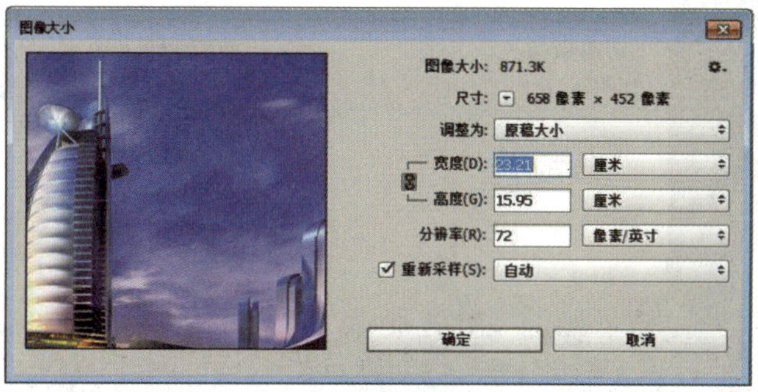

图1.36

1.6.2 设置画布大小

执行“图像→画布大小”命令（或快捷键Ctrl+Alt+C），如图1.37所示，可在宽度和高度中输入画布尺寸，当输入的数值大于原来尺寸时会增加画布，反之则减小画布，减小画布会裁剪图像。勾选“相对”按钮，宽度和高度选项中的数值将代表实际增加或者减少的区域的大小，而不再代表整个文档的大小，此时输入正值表示增加画布，输入负值则减小画布。单击不同的方格，可以指示当前图像在新画布上的位置，如图1.38所示。

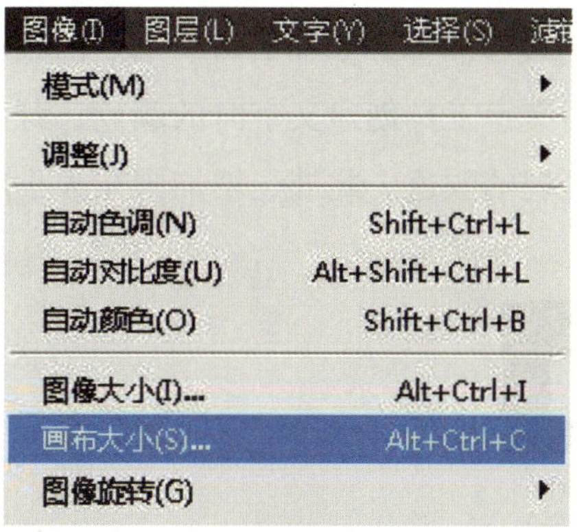

图1.37

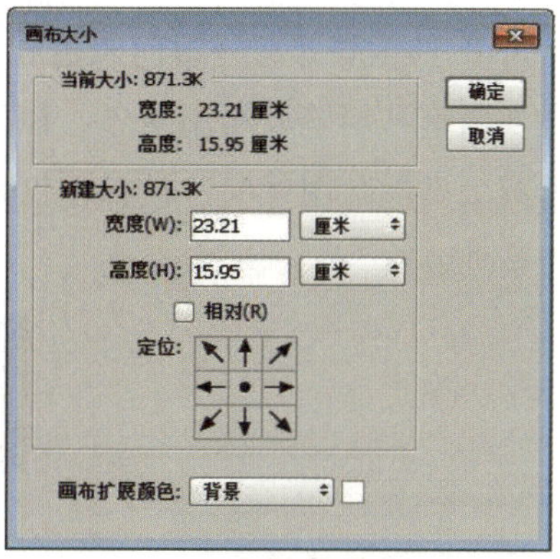

图1.38

1.6.3 图像画布旋转与翻转

执行“图像→图像旋转”命令，下拉菜单中包含用于旋转画布的命令，如图1.39所示，执行这些命令可以旋转或反转整个图像。

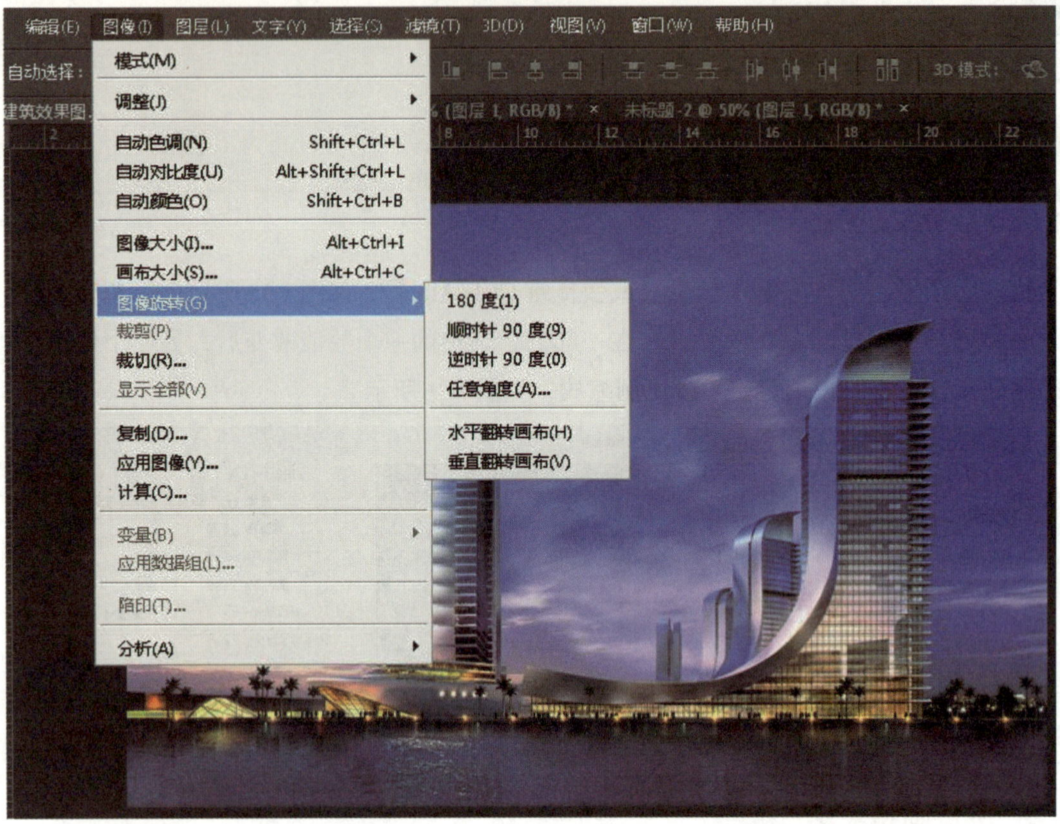

图 1.39

1.7 设置颜色

我们使用画笔、渐变和文字等工具，以及进行填充、描边选区等操作时，都需要指定颜色。Photoshop 提高了非常出色的颜色选择工具，可以帮助我们找到需要的任何色彩。

1.7.1 前景色与背景色

Photoshop 工具箱底部有一组前景色和背景色设置图标，如图 1.40 所示。前景色决定了使用绘图工具（画笔和铅笔）绘制线条，以及使用文字工具创建文字时的颜色；背景色则决定了使用橡皮擦工具擦除图像时，被擦出区域所呈现的颜色。此外，增加画布大小时，新增的画布也以背景色填充。

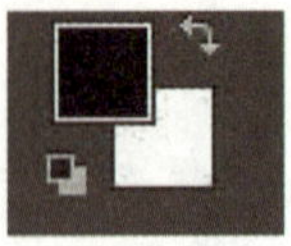
图 1.40

1. 修改前景色和背景色

默认情况下，前景色为黑色，背景色为白色。单击设置前景色或背景色图标，可以打开“拾色器”，在对话框中即可修改他们的颜色。此外，我们也可以在“颜色”和“色板”面板中设置，或者使用吸管工具拾取图像中的颜色来作为前景色或者背景色。（拾色器详见 1.7.2 章节）

2. 切换前景色和背景色

单击切换前景色和背景色图标或按下 X 键，如图 1.41 所示，可以切换前景色和背景色的颜色。

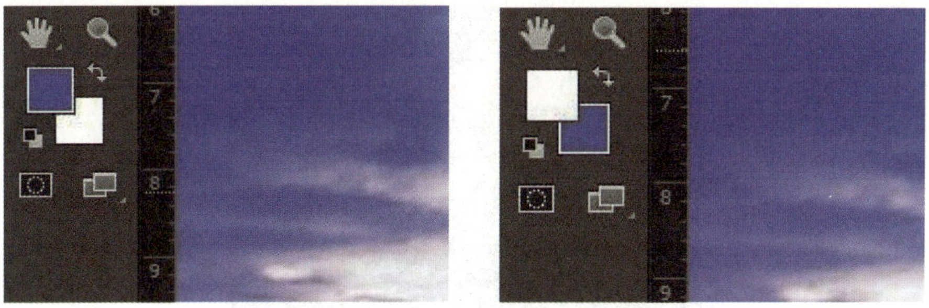

图 1.41

3. 恢复为默认的前景色和背景色

修改了前景色和背景色后，如图 1.42 所示，单击默认前景色和背景色图标，或按下 D 键，即可将其恢复为默认的颜色。

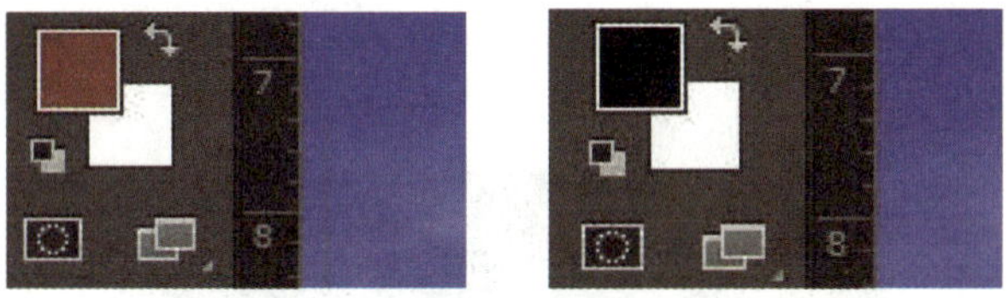

图 1.42

1.7.2　了解拾色器

单击工具箱中的前景色或背景色图标，打开“拾色器”，如图 1.43 所示。在“拾色器”中，我们可以选择基于 HSB（色相、饱和度、亮度）、RGB（红色、绿色、蓝色）、Lab、CMYK（青色、洋红、黄色、黑色）等颜色模型来指定颜色。

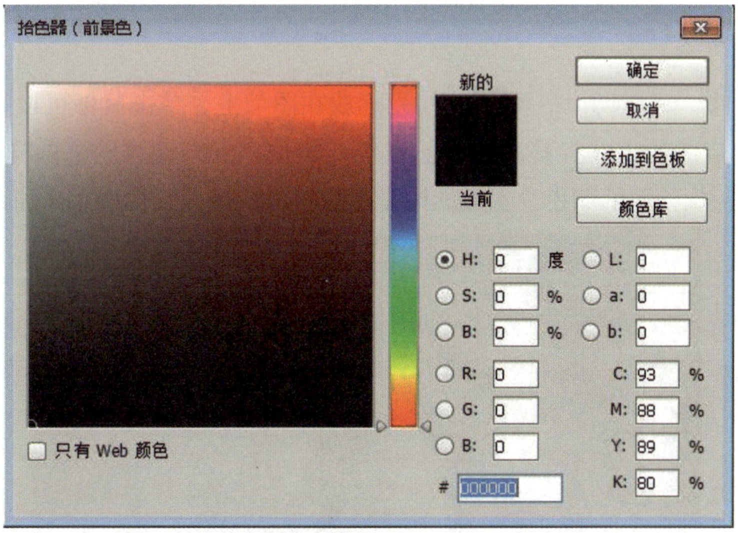

图 1.43

1.7.3　了解颜色调板

执行“窗口→颜色”命令，打开“颜色”面板，如图 1.44 所示。“颜色”面板采用类似于美术调色的方式来混合颜色，如果要编辑前景色，可单击前景色块；如果要编辑背景色，则单击背景色块。

图 1.44

1.7.4　了解色板调板

执行“窗口→色板”命令，打开“色板”面板。如图 1.45 所示。“色板”中的颜色都是预先设置好的，单击一个颜色样本，即可将它设置为前景色，按住 Ctrl 键单击，则可将它设置为背景色。

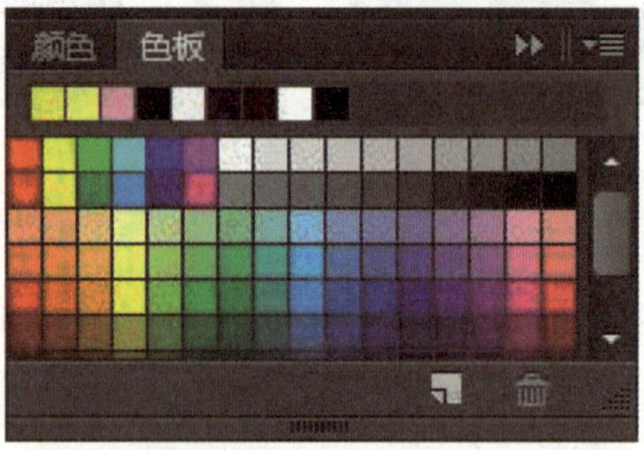

图 1.45

1.7.5　吸管工具

打开素材文件，选择吸管工具，将光标放在图像上，单击鼠标可以显示一个取样环，此时可拾取单击点的颜色并将其设置为前景色；按住鼠标按键移动，取样环会出现两种颜色，下面的是前一次拾取的颜色，上面的则是当前拾取的颜色，如图 1.46 所示。

图 1.46

总结

本章介绍了Photoshop的应用领域，旨在让大家清楚学习完Photoshop后大家可以从事哪些工作。另外详细地介绍了Photoshop工作界面和一些文件基本操作，熟练掌握这些知识点，可以快速的帮助大家上手Photoshop，从而提高工作效率。

作业

1. 请用自己的话解释什么是位图和矢量图?

2. 请用自己的话解释什么是像素和分辨率?

3. 打开Photoshop软件，新建一个名为“练习一”的文件，宽度为800像素，高度为600像素，其他选项为默认值。练习显示隐藏工具箱及各种调板，打开标尺和网格、拖出参考线，试着调整Photoshop首选项（Ctrl+K）。保存到桌面上，文件名为“练习一.psd”。

4. 打开如图1.47所示的图片，通过何种命令可变为图1.48的布局效果?

图1.47

图1.48

5. 打开图1.49图片，通过何种命令的改变，变为图1.50的布局效果?

图1.49

图1.50

第2章　图层与选择功能

学习目标

了解图层的基本原理并掌握其操作

掌握移动工具的使用

掌握规则选区工具的使用

掌握不规则选区工具的使用

掌握常用选区命令

预习任务

1. 可以使图像边缘产生模糊效果，使得图像的合成自然和谐的命令是（　　）。(选择一项)

   A. 模糊　　B.磁化　　C.描边　　D.羽化

2. 如果我们想减少选区，可以选择的功能键是（ ）。(选择一项)

   A.Shift键　　B.Alt键　　C.Ctrl键　　D.Del键

3. 在Photoshop中移动图层，必须使用（ ）工具。(选择一项)

   A.选框工具　　B.魔棒工具　　C.移动工具　　D.文字工具

4. 在Photoshop中，要选取色彩单一或一致的不规则图像区域，最适合的工具是（　　）。(选择一项)

   A. 魔棒工具　　B.矩形选框工具　　C.磁性套索　　D.多边形套索

5. 利用规则选区工具和自由变换绘制基本几何图形，如图所示。

绘制基本几何图形

2.1 图层

2.1.1 图层基础知识

"图层"顾名思义就是图像的层次，在Photoshop中可以将图层看做是一张张叠起来的透明胶片，如果图层上没有图像，就可以一直看到底下的图层，其示意图如图2.1所示。

图2.1 透明胶片示意图

使用图层绘图的优点在于，可以非常方便地在相对独立的情况下对图像进行编辑或修改，可以为不同图层设置混合模式及透明度，可以通过更改图层的顺序和属性改变图像的合成效果，而且当我们对其中的一个图层进行处理时，不会影响到其他图层的图像。

如上所述，在Photoshop中图层就像是分层的透明胶片，实际上就是不同的图层。

图层的显示和操作都集中在"图层"面板中，选择"窗口→图层"命令，打"图层"面板或按"F7"键，如图2.2所示。

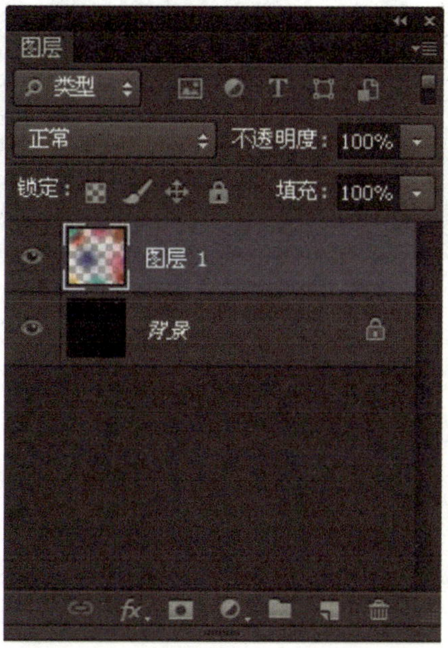

图2.2 "图层"面板

2.1.2 图层的基本操作

1. 选择图层

正确地选择图层是正确操作的前提，只有选择了正确的图层，所有基于此图层的制作才有意义，下面将详细讲解Photoshop中选择图层的方法。

（1）选择一个图层

要选择某一个图层，只需在“图层”面板中单击需要的图层即可，如图2.3所示处于选择状态的图层与普通图层有一定的区别，被选择的图层以蓝底显示。

（2）选择所有图层

使用“选择→所有图层”命令可以快速地选择除“背景”图层以外的所有图层，也可按下Ctrl+Alt+A组合键来进行选择。

（3）选择连续图层

如果要选择连续的多个图层，可在选择一个图层后，按下Shift键在“图层”面板中单击另一个图层的图层名称，则两个图层间的所有图层都会被选中，如图2.4所示。

（4）选择非连续图层

如果要选择不连续的多个图层，可在选择一个图层后，按住Ctrl键在“图层”面板中单击其他图层的图层名称，如图2.5所示。

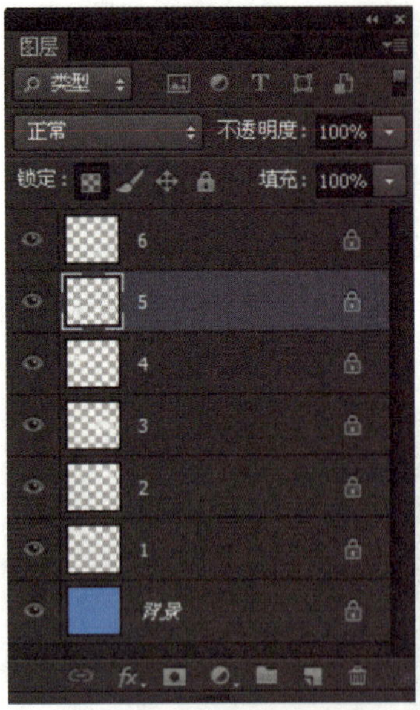

图2.3　选择单个图层

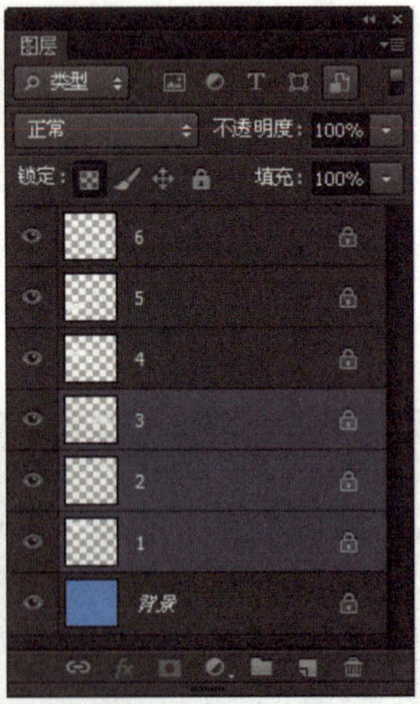

图2.4　选择连续图层

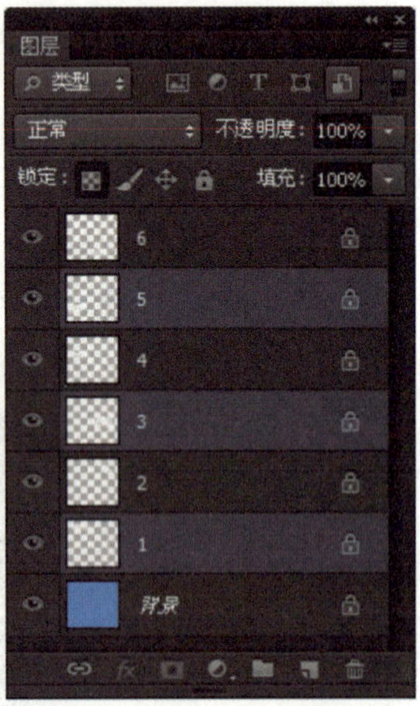

图2.5　选择非连续图层

（5）选择链接图层

当要选择的图层处于链接状态时，选择“图层→选择链接图层”菜单命令就可将所有与当前图层存在链接关系的图层都选中，如图2.6所示。

（6）选择相似图层

使用“选择→选取相似”菜单命令可以将与当前所选图层类型相似的图层全部选中，如文字图层、普通图层、形状图层以及调整图层等，如图2.7所示为使用此命令选中所有文字图层后的效果。

（7）利用图像选择图层

除了在“图层”面板中选择图层外，还可以直接在图像中使用移动工具来选择图层。选择“移动工具”直接在图像中按住Ctrl键单击要选择的图层中的图像。如果已经在此工具的属性栏中启用“自动选择”复选框，则不必按住Ctrl键。

如果要选择多个图层，可以按住Shift键单击要选择的其他图层的图像。

图2.6　选择链接图层

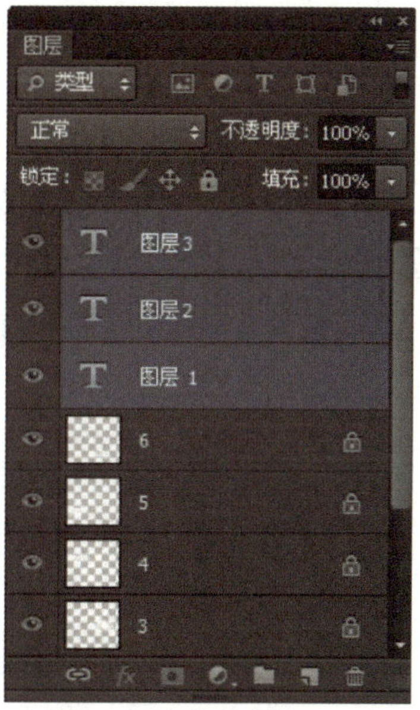

图2.7　选择相似图层

2. 复制图层

要复制图层，可按以下任意一种方法进行操作。

（1）在图层被选中的情况下，选择“图层→复制图层”菜单命令；

（2）在“图层”面板弹出的菜单中选择“复制图层”命令；

（3）将图层拖至面板下面的“创建新图层”按钮上，待高光显示线出现时释放鼠标，如图2.8、图2.9所示。

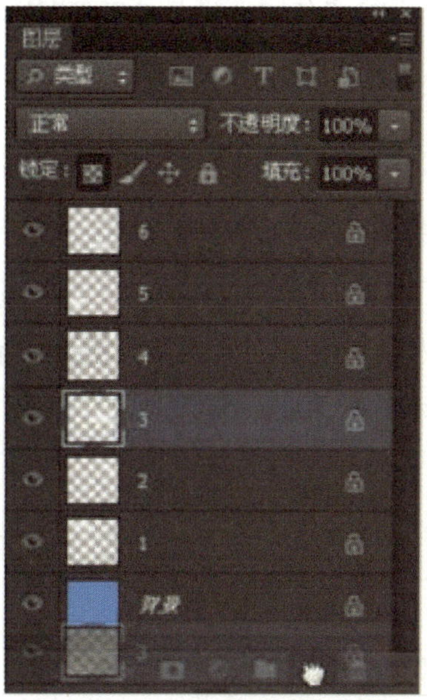

图2.8　将图层拖至面板下面的“创建新图层”按钮上

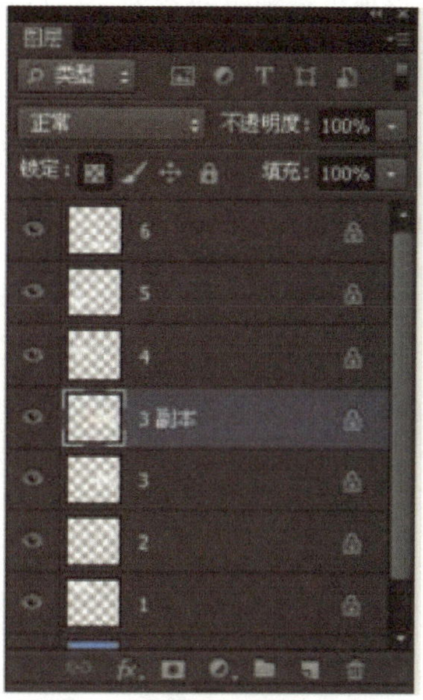

图2.9　复制层效果

3. 删除图层

在对图像进行操作的过程中，经常会产生一些无用的图层或临时图层，设计完成后可以将这些多余的图层删除，以降低文件的大小。

删除图层可以用以下的方法：

（1）选择要删除的图层，单击“图层”面板右上角的按钮，在弹出的下拉菜单中选择“删除图层”命令，就会弹出如图2.10所示单击“是”按钮即可删除该图层；

（2）选择一个或多个要删除的图层，单击“删除图层”按钮，在弹出的提示对话框中单击“是”按钮即可删除该图层；

（3）在“图层”面板中选中需要删除的图层并将其拖至“图层”面板下方的“删除图层”按钮上即可；

（4）在当前图层没有选区且选择“移动工具”的情况下，按下Delete键即可删除当前所选图层。

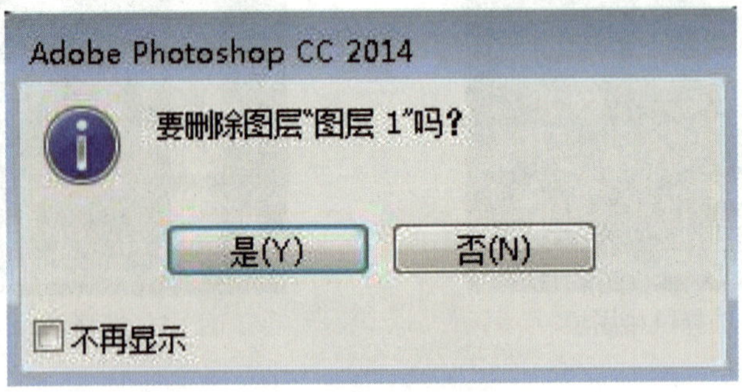

图2.10　删除图层提示对话框

4. 锁定图层

Photoshop具有锁定图层属性的功能，根据需要用户可以选择锁定图层的透明像素、可编辑性、位置等属性，从而保证被锁定的属性不被编辑。

图层在任意属性被锁定的情况下，图层名称的右边都会出现一个锁形图标。如果该图层的所有属性被锁定，则图标为实心锁状态；如果图层的部分属性被锁定，则图标为空心锁状态。

下面分别讲解各个锁定功能的作用。

（1）锁定图层透明像素

锁定图层透明像素的目的是使处理工作发生在有像素的地方而忽略透明区域。

例如，要对如图2.11所示的“图层1”中图像的非透明区域更换渐变色，则可以在此图层被选中的情况下单击“锁定透明像素”按钮，然后使用“渐变工具”进行操作，即可使渐变效果仅应用于非透明区域，得到如图2.12所示的效果.

图2.11　原图像及其对应的“图层”面板

图2.12　绘制渐变后的效果

观察应用渐变后的效果，可看出在图层的非透明区域具有渐变效果，而透明区域无变化。

（2）锁定图层的图像像素

单击“锁定图像像素”按钮可锁定图层的可编辑性，以防止无意间更改或删除图层中的像素，但在此状态下仍然可以改变图层的混合模式、不透明度及图层样式。在图层的可编辑性被锁定的情况下，工具箱中所有绘图类工具及图像调整命令都会被禁止在该图层上使用。

（3）锁定图层的位置

单击“锁定位置”图标可锁定图层的位置属性，以防止图层中的图像位置被移动。在此状态下如果使用工具箱中的“移动工具”移动图像，Photoshop将弹出如图2.13所示的警告对话框。

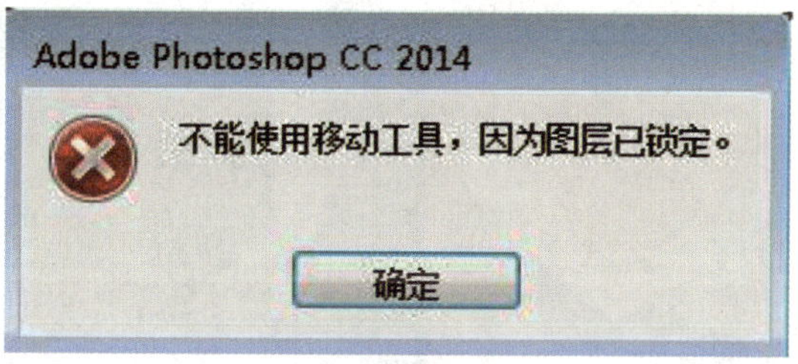

图2.13　警告对话框

（4）锁定图层所有属性

单击“锁定全部”图标可锁定图层的所有属性，在此状态下“锁定透明像素”“锁定图像像素”“锁定位置”均处于被锁定的状态，而且不透明度、填充透明度及混合模式等数值框及选项也会同时被锁定。

（5）锁定选中图层

如果要锁定多个图层的相同属性，可以先将要锁定的图层选中，再将它们一起锁定。

（6）锁定组中的图层

当要锁定组中的全部图层时，可以选中此图层组，然后单击“图层”面板右上角的按钮，在弹出的菜单中选择“锁定组内的所有图层”命令，弹出如图2.14所示的“锁定组内的所有图层”对话框，设置与“锁定图层”对话框完全相同的参数，单击“确定”按钮即可。

图2.14　“锁定组内的所有图层”对话框

5. 链接图层

链接图层是指若干个彼此相链接的图层，链接图层不会自动出现，需要我们手动进行链接。将图层链接起来的优点在于可以同时移动、缩放、旋转被链接的图层。

要链接图层，可先选择要链接的两个或两个以上的图层，然后单击“图层”面板中的“链接图层”按钮，这时图层名称右边就会出现链接图标，表示这几个图层链接在一起。

如果要取消图层链接，可先选择要取消链接的图层，然后单击“图层”面板中的“链接图层”按钮，即可解除该图层与链接图层组中图层的链接。

图2.15所示是将链接图层中的对象同时缩放时的状态，可以看到，此时变换控制框包含了有链接关系的两个图层中的两个对象。

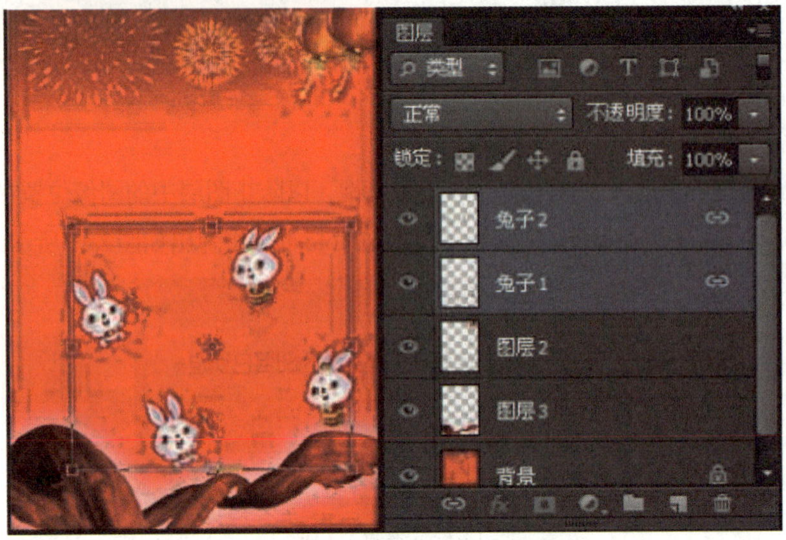

图2.15　链接图层操作示例

提示：删除链接图层中的一个图层时，其他的图层不受影响，改变当前图层的“混合模式”“不透明度”“锁定”等属性时，其他与之保持连接关系的图层也不受影响。

6. 设置图层不透明度属性

通过设置图层的不透明度值以改变图层的透明度，当图层不透明度为100%时，当前图层将完全遮盖下方的图层，如图2.16所示。而当不透明度小于100%时，可以隐约显示下方图层的图像，如图2.17、图2.18所示为不透明度分别设置为70%和30%时的效果。

图2.16　不透明度为100%

图2.17　不透明度为70%

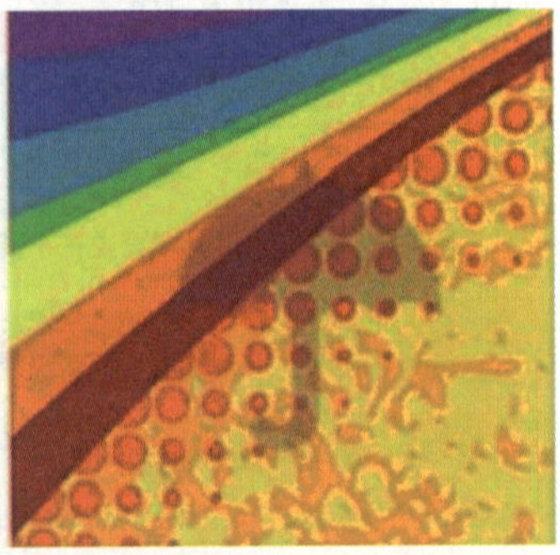

图2.18　不透明度为30%

2.2 移动工具

使用移动工具可以将选区或图层移动到同一图像的新位置或其他图像中。还可以使用移动工具在图像内对齐选区和图层并分布图层。

2.2.1 移动工具的选项说明

在工具箱中选择移动工具，选项栏中将显示它的相关选项，如图2.19所示。

图2.19 移动工具选项栏

1. 自动选择

选择该选项，可以在其后的列表中选择“组”或“图层”，选择“组”，可直接选中所单击的非透明图像所在的图层组；选择“图层”，在图像上单击，即可直接选中指针所指的非透明图像所在的图层。

2. 显示变换控件

可以在选中对象的周围显示变换框，如图2.20所示，具体可执行变换效果参照本章2.2.3小节中图像的变换。

图2.20 显示变换框

（1）对齐：（顶对齐）、（垂直居中对齐）、（底对齐）、（左对齐）、（水平居中对齐）和（右对齐）按钮，选择这些按钮，可以在图像内对齐选区和图层。

例如：打开需要对齐的图像文件，选择“自动选择”选项，在列表中选择图层，并框选所有要对齐的对象，以选择它们，如图2.21所示，在选项栏中点击按钮，即可将他们进行垂直居中对齐，如图2.22所示。

图2.21　打开图像并选择所需的对象

图2.22　垂直居中对齐后的效果

（2）分布：（按顶分布）、（垂直居中分布）、（按底分布）、（按左分布）、（水平居中分布）和（按右分布）按钮，选择这些按钮，可以在图像内分布图层。在选项栏中点击按钮，即可将他们进行水平居中分布，如图2.23所示。

图2.23　水平居中分布后的效果

2.2.2　利用移动工具移动图像

1. 在同一文档中移动图像

在“图层”面板中单击要移动的对象所在图层，使用移动工具在画面中单击并拖动鼠标即可移动该图层中的图像。如果创建了选区，则将光标放在选区内，拖动鼠标可以移动选中的图像。使用移动工具时，按住Alt键拖动图像可以复制图像，同时生成一个新的图层。

2. 在不同文档间移动图像

打开两个或多个文档，选择移动工具，将光标放在画面中，单击并拖动鼠标至另一个文档的标题栏，停留片刻切换到该文档，移动到画面中放开鼠标可将图像拖入该文档。将一个图像拖入另一个文档时，按住Shift键操作，可以使拖入的图像位于当前文档的中心。如果这两个文档的大小相同，则拖入的图像就会与当前文档的边界对齐。

2.2.3　图像的变换

执行“编辑→自由变换”命令（或快捷键Ctrl+T）显示定界框，右键可选择变换类型。利用该命令，可以对图像进行缩放、旋转、镜像等操作。

（1）“缩放”：可以对图像的宽度或高度进行调整，实现对图像的挤压和拉伸的变形、大小变形。

（2）“斜切”：将鼠标放置在变换框的控制边上，光标变为移动箭头，拖动鼠标，即可实现对图像的斜切变形。

（3）“旋转”：将鼠标放置在变换框的外侧，光标变为旋转箭头，拖动鼠标，即可实现图像的旋转。

（4）“扭曲”：将鼠标放置在变换框的控制点，光标变为移动箭头，拖动鼠标，即可实现对图像的扭曲变形。

（5）“透视”：将鼠标放置在变换框的四角控制点，光标变为移动箭头，拖动鼠标，即可实现对图像的透视变化。

2.3　选框工具

Photoshop提供了4种规则选框工具，利用选框工具可以选取矩形、椭圆、1个像素宽的行和列的选取，还可以创建任意形状的选区。创建选区后只能对选区进行工作，如填充颜色、填充图案、渐变填充、复制选区内容、描边和绘画等。

2.3.1　矩形选框工具

矩形选框工具选项栏中各选项说明，如图2.24所示。

图2.24　矩形选框工具选项栏

（1）新选区按钮：选中它时可以创建新的选区，如图2.25所示；如果已经存在选区，则会去掉旧选区，而创建新的选区；在选区外单击，则取消选择。

图2.25　创建新选区

（2）添加到选区按钮：选中它时可以创建新的选区，也可以在原来选区的基础上添加新的选区，如图2.26所示，相交部分选区的滑动块将去除，而同时形成一个选区，如图2.27所示。

图2.26 追加选区

图2.27 追加选区的结果

（3）从选区减去按钮：选中它时可以创建新的选区，在原来选区的基础上减去不需要的选区，如图2.28所示，选区减去后的效果如图2.29所示。

图2.28 从选区中减去图

图2.29 从选区中减去的结果

（4）与选区交叉按钮：选中它时可以创建新的选区，也可以创建出与原来选区相交的选区，如图2.30所示。与选区相交结果如图2.31所示。

图2.30 与选区相交

图2.31 与选区相交结果

（5）羽化选项：在“羽化”文本框中输入数值可以设置羽化半径，其取值范围为0～255。羽化的作用就是虚化选区的边缘，这样在制作合成效果的时候会得到较柔和的过渡；也可以使选区填充的颜色向其周围逐步扩散，如图2.32所示。

图2.32 选区羽化20像素的效果

（6）样式：用来设置选区的创建方法。选择“正常”，可通过拖动鼠标创建任意大小的选区；选择“固定比例”，可在右侧的“宽度”和“高度”文本框中输入数值，创建固定比例的选区。例如，如果要创建一个宽度是高度两倍的选区，可输入宽度2、高度1；选择“固定大小”，可在“宽度”和“高度”文本框中输入选区的宽度与高度值，使用矩形选框工具时，只需在画面中单击便可以创建固定大小的选区。点击按钮，可以切换“宽度”与“高度”值。

（7）调整边缘：单击该按钮，可以打开“调整边缘”对话框，对选区进行平滑、羽化等处理。

2.3.2　椭圆选框工具

椭圆选框工具与矩形选框工具的选项基本相同，只是该工具可以使用“消除锯齿”功能。

工具选项栏如图2.33所示。

图2.33　椭圆选框工具选项栏

消除锯齿：像素是组成图像的最小元素，由于它们都是正方形的，因此，在创建圆形、多边形等不规则选区时便容易产生锯齿。例如，图2.34所示为使用椭圆选框工具选出的对象。勾选该项后，Photoshop会在选区边缘1个像素宽的范围内添加与周围图像相近的颜色，使选区看上去光滑，如图2.35所示。由于只有边缘像素发生变化，因而消除锯齿不会丢失细节。这项功能在剪切、拷贝和粘贴选区以创建复合图像时非常有用。

图2.34

图2.35（消除锯齿后的图形）

2.3.3　单行/单列选框工具

单行选框工具和单列选框工具只能创建高度为1像素的行和宽度为1像素的列，常用来制作网格。其工具选项栏同矩形选框工具，只是样式已不可用，而羽化只能为0像素。

2.4　套索工具组

2.4.1　套索工具

套索工具与矩形选框工具的选项相同，作用与用法一样，这里就不重复了。

当使用套索工具时，可以通过任意拖动来绘制所需的不规则选区。

（1）当从起点处向终点处拖移，并且起点与终点不重合时，松开左键后，系统会自动在起点和终点之间用直线连接，从而得到一个封闭的选区，如图2.36所示。

图2.36

（2）从起点处按下左键向所需的方向拖移，直至返回到起点处才松开左键，即可得到一个封闭的曲线选框，如图2.37所示。

图2.37

（3）在绘制过程中，按下“Alt”键，可以在套索工具和多边形套索工具之间切换，绘制出曲线边框和直线段兼有的选区。

2.4.2 多边形套索工具

多边形套索工具是通过单击来确定点，直至返回到起点，当指针呈时单击完成，从而得到所需的多边形选区，如图2.38所示。

图2.38

2.4.3 磁性套索工具

磁性套索具有识别边缘的作用，利用它可以从图像中选取所需的部分。磁性套索工具选项栏如图2.39所示。

图2.39

（1）宽度选项：在其文本框中可输入1～256的数值，从而确定选取时探查的距离，数值越大探查的范围就越大，如图2.40所示。

图2.40　设置不同宽度的对比图

（2）对比度选项：在其文本框中可输入1%～100%的数值设置套索的敏感度，数值大时可用来探查对比度高的边缘，数值小时可用来探查对比度低的边缘。

（3）频率选项：在其文本框中可输入0～100的数值设置以什么频率设置锚点，该值越高，生成的锚点越多，捕捉到的边界越精确，但是过多的锚点造成选区的边缘不够光滑。如图2.41所示。

图2.41　设置不同频率的对比图

（4）钢笔压力：如果计算机配置有数位板和压感笔，可以按下该按钮，Photoshop会根据压感笔的压力自动调整工具的检测范围。

2.5　快速选择工具组

2.5.1　快速选择工具

利用快速选择工具在画面中单击目标画面，可以准确而快速地选择出需要被勾选到的地方；也可以在画面中拖动鼠标来选择所需的区域。

打开素材文件，如图2.42所示，在工具箱中选择快速选择工具，选项栏中将显示如图2.43所示的选项，再移动指针到花上按下左键进行拖动，即可选择整朵花，如图2.44所示。

图 2.42

图 2.44

图 2.43

（1）选区运算按钮：按下新选区按钮，可创建一个新的选区；按下添加到选区按钮，可在原选区的基础上添加绘制的选区；按下从选区减去按钮，在原选区的基础上减去当前绘制的选区。

（2）笔尖下拉面板：单击按钮，可在打开的下拉面板中选择笔尖，设置大小、硬度和间距。我们也可以在绘制选区的过程中，按下“]”键将笔尖调大；按下“[”键，将笔尖调小。

（3）对所有图层取样：可基于所有图层（而不是仅基于当前选择的图层）创建选区。

（4）自动增强：可以减少选区边界的粗糙度和块效应。“自动增强”会自动将选区向图像边缘进一步流动并应用一些边缘调整。我们也可以再“调整边缘”对话框中手动应用这些边缘调整。

2.5.2　魔棒工具

利用魔棒工具可以选择颜色一致的区域，而不必跟踪其轮廓。可以通过在图像上单击指定魔棒工具选区的颜色，以及通过在选项栏中设置它的容差值确定选取的色彩范围。魔棒工具选项栏如图 2.45 所示。

图 2.45

（1）取样大小：用来设置魔棒工具的取样范围。选择“取样点”，可对光标所在位置的像素进行取样；选择“3x3 平均”，可对光标所在位置 3 个像素区域内的平均颜色进行取样，其他选项以此类推。

（2）容差：在其文本框中可输入 0 ~ 255 的像素值。当该值较低时，只选择与单击点像素非常相似的少数颜色；该值越高，对像素相似程度的要求就越低，因此，选择的颜色范围就越广。在图像的同一位置单击，设置不同的容差值所选择的区域也不一样。此外，在容差值不变的情况下，鼠标单击点的位置不同，选择的区域也不同，如图 2.46 所示。

图2.46　设置不同的容差值的对比图

（3）连续：勾选该项时，只选择颜色连接的区域，取消勾选时，可以选择与鼠标单击点颜色相近的所有区域，包括没有连接的区域，如图2.47所示。

图2.47　是否勾选“连续”选项的对比图

（4）对所有图层取样：如果文档中包含多个图层，勾选该项时，可选择所有可见图层上颜色相近的区域，取消勾选，则仅选择当前图层上颜色相近的区域。

2.5.3　色彩范围

在Photoshop中，可以使用“色彩范围”命令在图像中通过取样选择色彩范围，也可以通过预设颜色来选择色彩范围。

打开素材文件，在菜单栏执行“选择→色彩范围”命令，弹出“色彩范围”对话框，如图2.48所示。

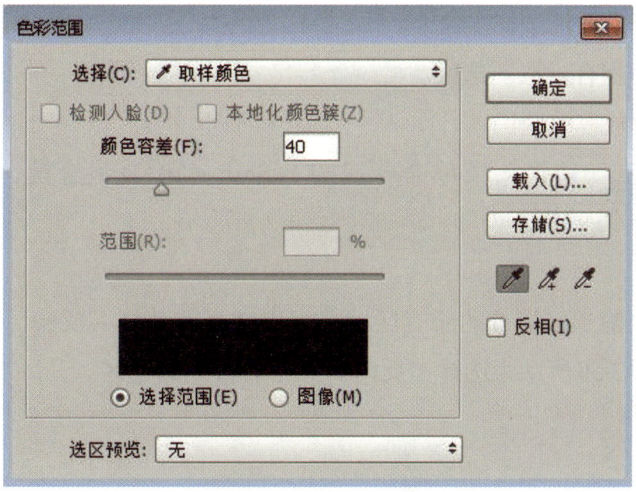

图2.48　色彩范围界面

（1）选区预览图：选区预览图下方包含两个选项，勾选“选择范围”时，预览区域的图像中，白色代表了被选择的区域，黑色代表了未被选择的区域，灰色代表了被部分选择的区域（带有羽化效果的区域）；如勾选“图像”，则预览区内会显示彩色图像。

（2）选择：用来设置选取的创建方式。选择“取样颜色”时，在（光标为状）文档窗口中的图像上，或“彩色范围”对话框中的预览图像上单击，可对颜色进行取样，如果要添加颜色，可按下添加到取样按钮，然后在预览区域图像上单击，如果要减去颜色，可按从取样中减去按钮，然后在预览区域或图像上单击。

（3）选区预览：用来设置文档窗口中选区的预览方式。选择“无”，表示不再窗口显示区域；选择“灰度”，可以按照选区在灰度通道中的外观来显示区域；选择“黑色杂边”，可在为选择的区域上覆盖一层黑色；选择“白色杂边”，可在为选择的区域上覆盖一层白色；选择“快速蒙版”，可显示区域在快速蒙版状态下的效果。

（4）检测人脸：选择人像或人物皮肤时，可勾选该项，以便更加准确的选择肤色。

（5）本地化颜色簇/范围：勾选“本地化颜色簇/范围”后，拖动“范围”滑块可以控制要包含在蒙版中的颜色与取样点的最大和最小距离。

（6）颜色容差：用来控制颜色的选择范围，该值越高，包含的颜色越广。

（7）存储/载入：单击“存储”按钮，可以将在当前的设置状态保存为选区预设；单击“载入”按钮，可以载入存储的选区预设文件。

（8）反相：可以翻转选区，即相当于创建选区之后，执行“选择→反向”命令。

2.6 选区操作

对现有的选区进行修改，可以得到新的或更为精确的选区，下面讲解修改选区的方法和命令。

1. 取消选择区域

当图像中存在选区时，对图像所做的一切操作都被限定在选区中，所以在不需要选区的情况下，一定要将选区取消。取消选区有以下 3 种方法。

（1）选择“矩形选框工具”或“套索工具”时，在图像中单击可取消选区；

（2）选择“选择→取消选择”命令；

（3）按下 Ctrl+D 组合键取消选区。

2. 再次选择上次放弃的选区

选择“选择→重新选择”菜单命令或按下 Shift+Ctrl+D 组合键，可重选上次放弃的选区。

3. 反选

如果希望选中当前选区以外的所有区域，可以选择“选择→反向”菜单命令。如图 2.49 所示为原选区，如图 2.50 所示为选择“反向”命令后得到的选区。

图2.49　原选区

图2.50　反向后得到的选区

4. 收缩

选择“选择→修改→收缩”菜单命令，可以将当前选区缩小，其对话框如图2.51所示。在“收缩量”文本框中输入的数值越大，选择区域的收缩量越大，如图2.52所示为选区收缩20px后的效果。

图2.51　“收缩选区”对话框

图2.52　选区收缩20px后的效果

5. 扩展

选择“选择→修改→扩展”菜单命令，可以扩大当前选区，在“扩展量”文本框中输入的数值越大，选择区域被扩展得越大，如图2.53所示为选区扩展20px后的效果。

图2.53　选区扩展20px后的效果

6. 平滑

有一些图像的色彩过渡非常细腻，用魔棒工具选取时，容易得到很细碎的选区。

选择“选择→修改→平滑”菜单命令，在弹出的对话框中输入数值，可以平滑此类选区。如图2.54所示为用魔棒工具选择的草地选区及将选区平滑10个像素后的效果。

图2.54　原选区及平滑后的效果

7. 边界

选择“选择→修改→边界”菜单命令，在弹出的对话框中输入数值，可以将当前选区改变为边框化的选区。如图2.55所示为扩边选区操作过程及为选区填充颜色后的效果。

（a）原选区　（b）扩边后的选区　（c）填充颜色效果

图2.55　扩边选区及为选区填充颜色后的效果

8. 羽化

前面所讲的若干创建选区工具的属性栏中基本都有“羽化”文本框，在此输入数值可以羽化以后将要创建的新选区。而对于当前已存在的选区，要进行羽化则必须选择“选择→修改→羽化”菜单命令，或者执行快捷键Shift+F6，这时会弹出如图2.56所示的“羽化选区”对话框。

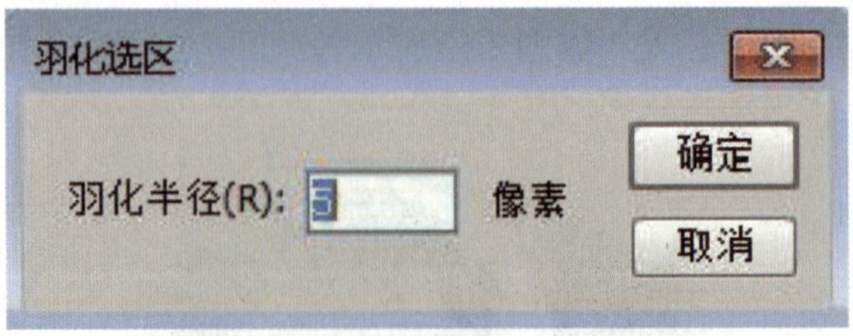

图2.56　“羽化选区”对话框

在“羽化半径”文本框中输入数值，则可以羽化当前选区的轮廓。数值越大，柔化效果越明显。

9. 扩大选取和选取相似

如果希望选择相邻的区域中与原选区中颜色相似的内容（相似程度由魔棒的容差决

定），可以选择“选择→扩大选取”菜单命令。如图2.57所示为原选区，如图2.58所示为选择“扩大选取”命令后得到的选区。

图2.57　原选区

图2.58　扩大选取后的选区

如果希望按颜色的近似程度（容差决定）扩大选区，这些扩展的选区不一定与原选区相邻，可以选择“选择→选取相似”菜单命令。如图2.59所示为原选区，如图2.60所示为选择“选取相似”命令后得到的选区。

图2.59　原选区

图2.60　选取相似后的选区

10. 变换选区

通过变换选区，可以将现有选区放大、缩小、旋转、拉斜变形。

选择“选择→变换选区”菜单命令；也可以在选择区域右击，在弹出的快捷菜单中选择“变换选区”命令。具体变形类似自由变换操作，区别在于变换选区只改变选区大小，不影响选区中像素。

总结

选择功能是Photoshop中最基本的功能，特别是移动工具和选区操作，在Photoshop中使用很频繁。如果要对图像中的某部分进行编辑处理，则必须选择该部分，然后对其进行处理与编辑，所以应熟练掌握选区的创建、编辑、移动、存储、载入与修改，以及如何使用移动工具移动图像，将图像中的选区对齐图层以及分布图层等重要功能与操作。

作业

1. 利用本章所学知识完成下方图样，如图2.61所示。

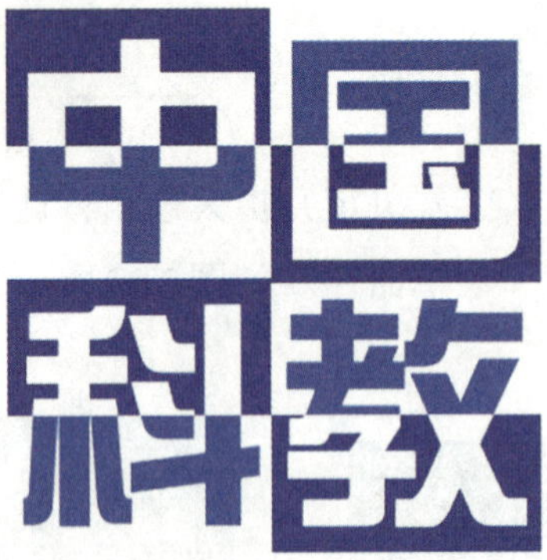

图2.61

2. 利用本章知识点完成下图齿轮，如图2.62所示。

图2.62

3. 利用椭圆工具相关属性，完成下图台球效果，如图2.63所示。

图2.63

4. 用矩形选框工具实现下图房屋小插画效果，如图2.64所示。

图2.64

扩展练习

利用本章所学，完成下图App界面图。尺寸要求宽640px，高920px，分辨率72ppi，见图2.65所示。

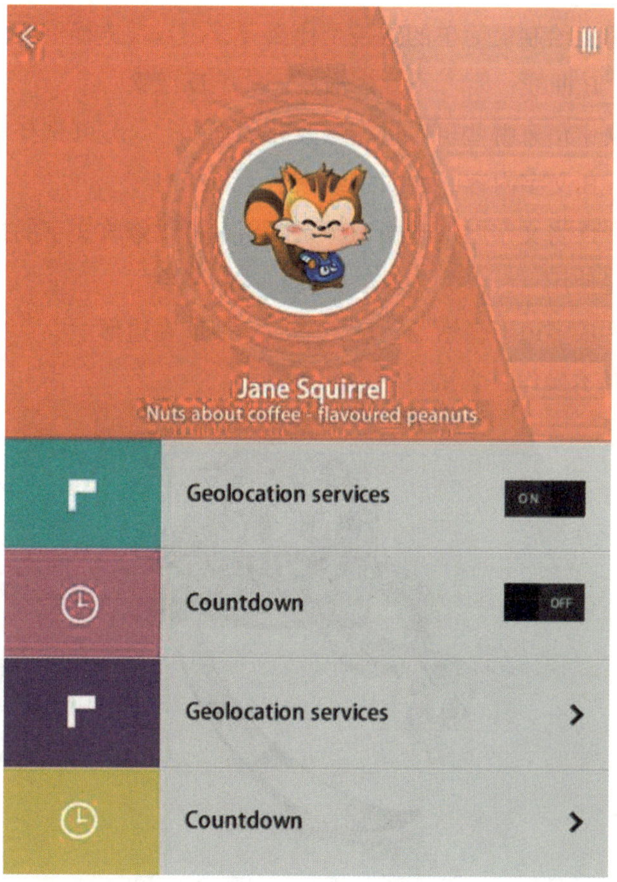

图2.65

第3章　绘图与路径

学习目标

了解路径与锚点的特征

熟练使用钢笔工具绘图

掌握文字工具基本用法

预习任务

1. 路径是由什么组成的（　　）。（选择多项）

   A.直线　　B.曲线　　C.锚点　　D.像素

2. 使用钢笔工具可以绘制最简单的线条是什么（　　）。（选择一项）

   A.直线　　B.曲线　　C.锚点　　D.像素

3. 文字图层中的文字信息哪些可以进行修改和编辑（　　）。（选择多项）

   A.文字颜色　　B.文字内容，如加字或减字

   C.文字大小　　D.将文字图层转换为像素图层后可以修改文字的排列方式

4. 绘制标准五角星使用（　　）工具。（选择一项）

   A.喷枪　　B.多边形套索　　C.铅笔　　D.多边形

5. 利用钢笔工具基本操作，尝试将图中钻戒抠出。

钻戒抠出

3.1 了解绘图模式

Photoshop 中的钢笔和形状等矢量工具可以创建不同类型的对象，包括形状图层、工作路径和像素图形。选择一个矢量工具后，需要先在工具选项栏中选择相应的绘图模式，然后再进行绘图操作。

3.1.1 形状

选择“形状”选项后，可在单独的形状图层中创建形状。形状图层由填充区域和形状两部分组成，填充区域定义了形状的颜色、图案和图层的不透明度，形状则是一个矢量图形，它同时出现在“路径”面板中，如图 3.1、图 3.2 所示。

图 3.1

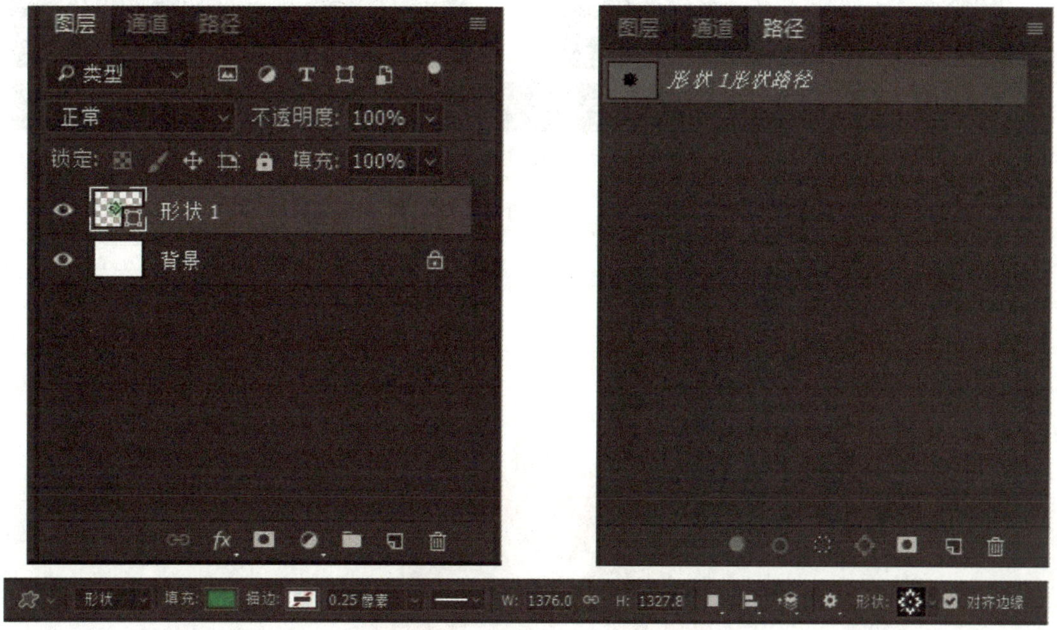

图 3.2

3.1.2 路径

选择“路径”选项后，可创建工作路径，它出现在“路径”面板中，如图 3.3 所示。路径可以转化为选区或创建矢量蒙版，也可以填充和描边从而得到光栅化的图像。

图 3.3

3.1.3 像素

选择“像素”选项后，可以在当前图层上绘制栅格化的图形（图形的填充颜色为前景色）。由于不能创建矢量图形，因此，“路径”面板中也不会有路径，如图 3.4 所示。该选项不能用于钢笔工具。

图 3.4-1

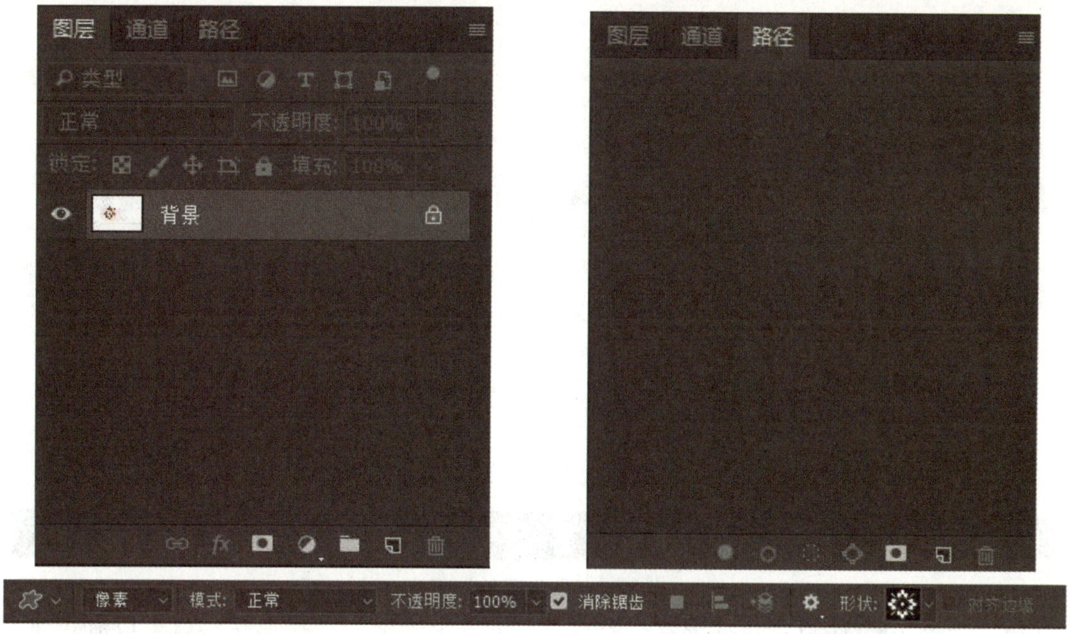

图3.4-2

3.2　了解路径与锚点的特征

矢量图是由数学定义的矢量形状组成的。因此，矢量工具创建的是一种由锚点和路径组成的图形。下面我们就来了解路径和锚点的特征以及它们之间的关系，以便为学习矢量工具，尤其是钢笔工具打下基础。

3.2.1　认识路径

路径是可以转换为选区或使用颜色填充和描边的轮廓，它包括有起点和终点的开放式路径，如图3.5所示，以及没有起点和终点的闭合式路径两种，如图3.6所示。路径是矢量对象，不包含像素，没有填充或者描边处理是不能打印出来的。使用PSD、TIFF、JPEG、PDF等格式存储文件可以保存路径。

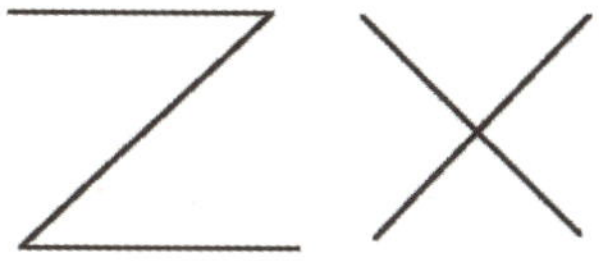

图3.5

图3.6

3.2.2　认识锚点

路径由直线路径段或曲线路径段组成，他们通过锚点连接，锚点分为两种，一种是平滑点，另外一种是角点，平滑点连接可以形成平滑的曲线，如图3.7所示；角点连接形成直线，如图3.8所示，或者转角曲线，如图3.9所示。曲线路径段上的锚点有方向线，方向线的端点为方向点，他们用于调整曲线的形状。

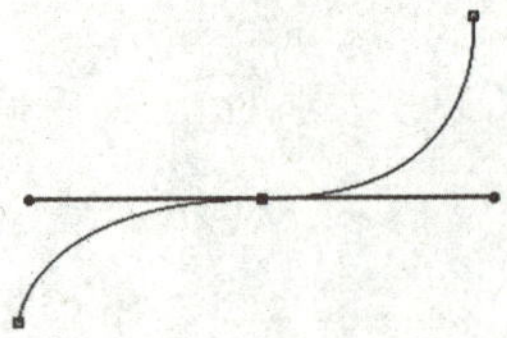

图3.7　平滑点连接的曲线

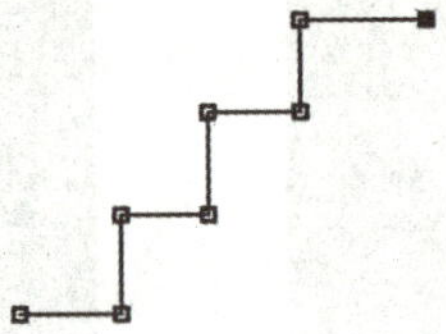

图3.8　角点连接的直线

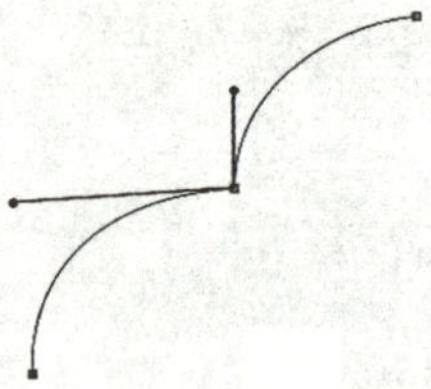

图3.9　角点连接的转角曲线

3.3　钢笔工具组

3.3.1　钢笔工具选项说明

钢笔工具选项栏中各选项说明，如图3.10所示。

图3.10　钢笔工具选项栏

（1）“类型” 路径 ：包括形状、路径和像素3个选项。选择形状，就可以利用钢笔工具或其他绘图工具创建形状图层，选择路径就可以利用钢笔工具或其他绘图工具来绘制路径。每个选项所对应的工具选项也不同。

（2）“绘制模式”：其用法与选区相同，可以实现路径的相加、相减和相交等运算。

（3）“对齐方式”：可以设置路径的对齐方式（文档中有两条以上的路径被选择的情况下可用）与文字的对齐方式类似。

（4）“排列顺序”：设置路径的排列方式。

（5）“橡皮带”：可以设置路径在绘制的时候是否连续。

（6）“自动添加/删除” 自动添加/删除 ：如果勾选此选项当钢笔工具移动到锚点上时，钢笔工具会自动转换为删除锚点样式；当移动到路径线上时，钢笔工具会自动转换为添加锚点的样式。

（7）“对齐边缘” 对齐边缘 ：将矢量形状边缘与像素网格对齐（选择“形状”选项时，对齐边缘可用）。

3.3.2　使用钢笔工具绘图

1. 绘制直线

选择钢笔工具，在工具选项栏中选择“路径”选项，将光标移至画面中（光标变为状），单击可创建一个锚点，放开鼠标按键，将光标移至下一处位置单击，创建第二个锚点，两个锚点会连接成一条由角点定义的直线路径，在其他区域单击可继续绘制直线路径，如果要闭合路径，可以将光标放在路径的起点，当光标变为状时，单击即可闭合路径。如果要结束一段开放式路径的绘制，可以按住Ctrl键（转换为直接选择工具）在画面的空白处单击，单击其他工具，或者按下Esc键也可以结束路径的绘制。如果要绘制水平、垂直或以45°角为增量的直线，可以按住Shift键操作。

2. 绘制曲线

选择钢笔工具，选择“路径”选项，在画面中单击并向上拖动创建一个平滑点，将光标移动至下一处位置上，单击并向下拖动鼠标，创建第二个平滑点，在拖动的过程中可以调整方向线的长度和方向，进而影响由下一个锚点生成的路径的走向，因此，要绘制好曲线路径，需要控制好方向线。继续创建平滑点即可生成一段光滑、流畅的曲线。

3.3.3 编辑路径

使用钢笔工具绘制或者描摹对象的轮廓时，有时不能一次就绘制准确，而是需要在绘制完成后，通过对锚点和路径的编辑来达到目的。下面就让我们来了解如何编辑锚点和路径。

1. 选择与移动锚点、路径段和路径

(1) 使用直接选择工具单击一个锚点即可选择该锚点，选中的锚点为实心方块，未选中的锚点为空心方块，如图3.11所示。选中锚点按住鼠标左键不放并拖动，即可将其移动。如果要添加选择锚点、路径段或者路径，可以按住Shift键逐一单击需要选择的对象，也可以单击并拖动出一个选框，将需要选择的对象框选，如图3.12所示。如果要取消选择，可在画面空白处单击。

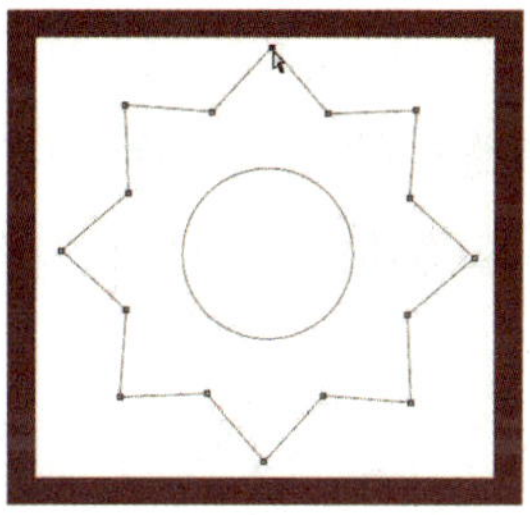

图3.11

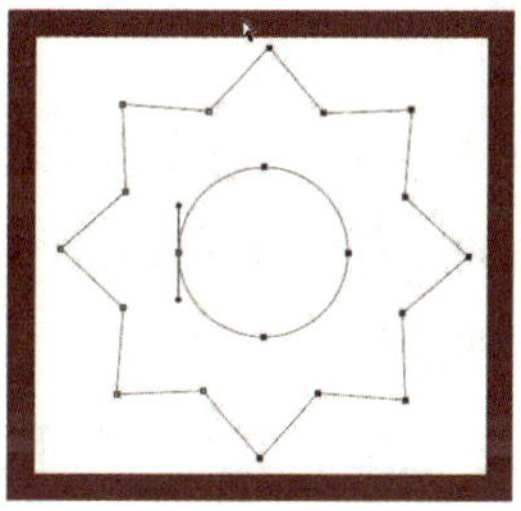

图3.12

(2) 使用路径选择工具单击路径可选中该路径，拖动即可移动整条路径，如图3.13所示。如果执行Ctrl+T命令，则所选路径会显示定界框，如图3.14所示，拖动控制点可以对路径进行变换操作。

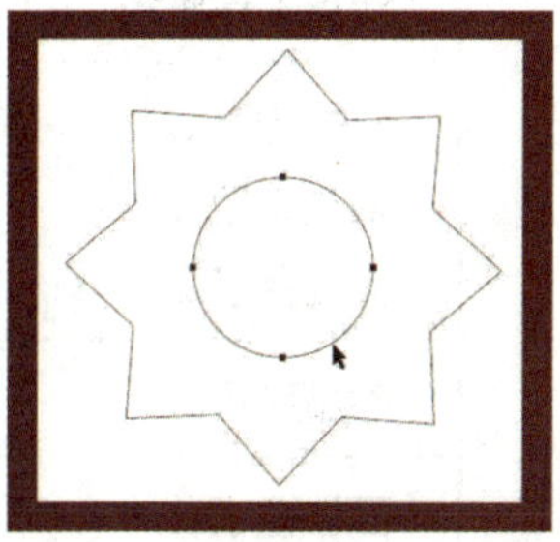

图3.13

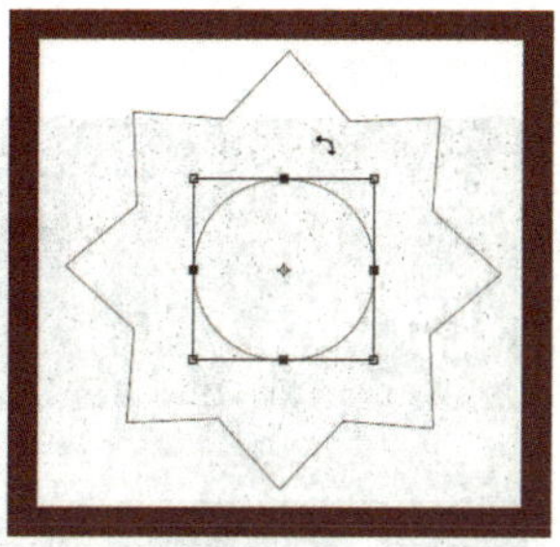

图3.14

2. 添加锚点与删除锚点

(1) 添加锚点工具，其用于在已创建的路径上添加锚点，在路径被激活的状态下，选择添加锚点工具，直接单击要增加锚点的位置，即可增加一个锚点。

(2) 删除锚点工具，选择该工具，移动到欲删除的锚点上，单击要删除的锚点即可将其删除。

3. 转换锚点的类型

（1）转换点工具用于转换锚点的类型。选择该工具后，将光标放在锚点上，如果当前锚点为角点，单击并拖动鼠标可将其转换为平滑点，如图3.15、图3.16所示；如果当前锚点为平滑点，则单击可将其转换为角点，如图3.17所示。

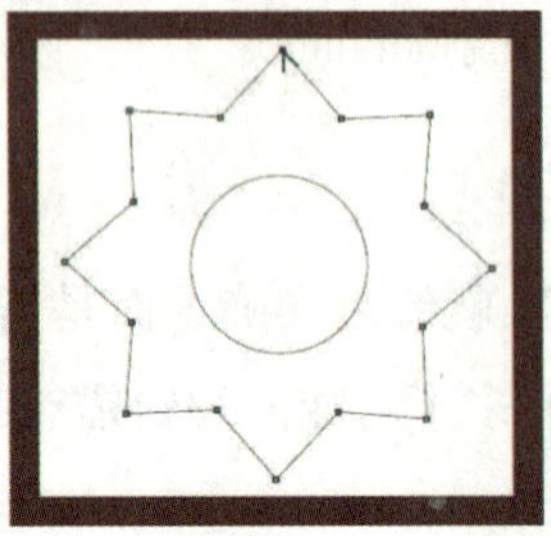
图3.15

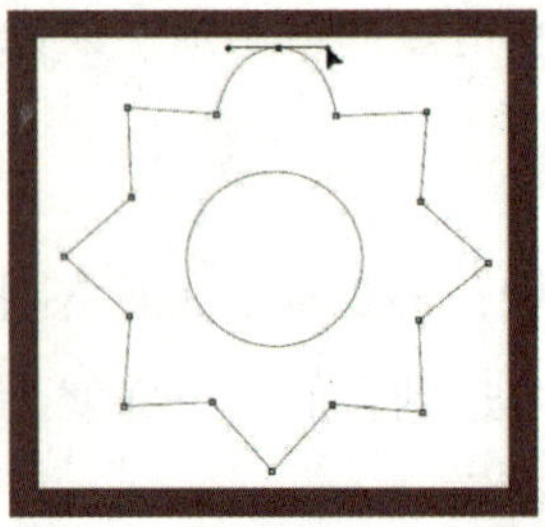
图3.16

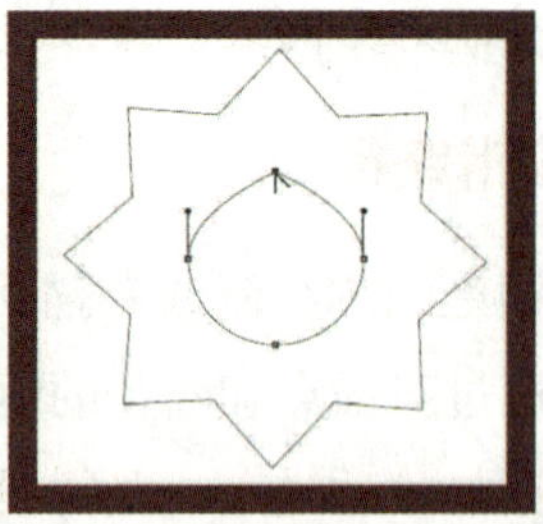
图3.17

（2）使用直接选择工具时，按住Ctrl+Alt键（可切换为转换点工具）单击并拖动锚点，可将其转换为平滑点；按住Ctrl+Alt键单击平滑点可将其转换为角点。

（3）使用钢笔工具时，将光标放在锚点上时，按住Alt键（可切换为转换点工具）单击并拖动角点可将其转换为平滑点；按住Alt键单击平滑点则可将其转换为角点。

3.3.4 路径面板

“路径”面板可通过建立若干路径层来保存路径，它是路径的控制与保存中心，如图3.18所示。有绘制的路径都保存在此面板中，通过使用面板的相关功能，可以快速完成复制、删除、选择等多种操作。

单击面板右上角黑色的三角形按钮，将弹出其下拉菜单，如图3.19所示。

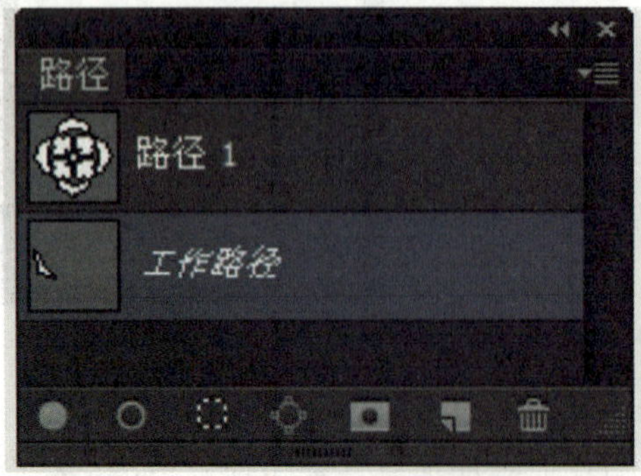

图3.18 “路径”面板

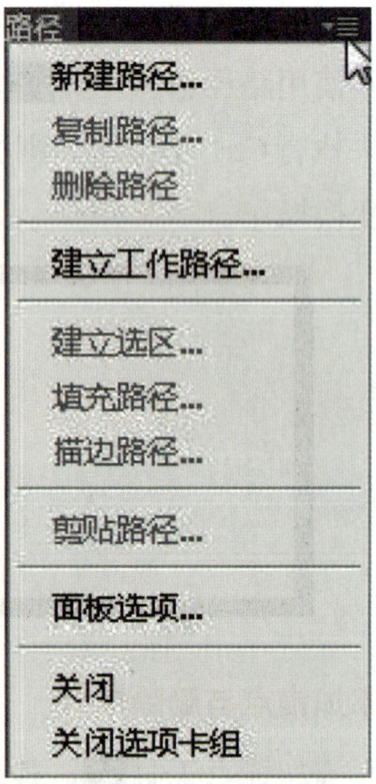

图3.19 弹出的下拉菜单

在“路径”面板的底部有7个工具按钮，这几个工具的具体介绍如下。

（1）“用前景色填充路径”按钮：单击此按钮将对当前选中的路径进行填充，填充的对象包括当前路径的所有子路径以及不连续的路径线段。

（2）“用画笔描边路径”按钮：单击此按钮，系统将使用当前的颜色和当前在“描边路径”对话框中设定的工具对路径进行勾画。

（3）“将路径作为选区载入”按钮：单击该按钮将把当前路径所圈选的范围转换成为选择区域，单击此按钮即可进行转换，也可执行快捷键Ctrl+回车。

（4）“从选区生成工作路径”按钮：单击该按钮将把当前的选择区域转换成路径。

（5）“添加蒙版”按钮：单击该按钮，为当前选择的路径应用蒙版。

（6）“创建新路径”按钮：单击该按钮可创建一个新的路径。

（7）“删除当前路径”按钮：该按钮用于删除当前路径。可以直接拖曳一个路径到此工具上，即可将整个路径全部删除。

提示：在“路径”面板中，除了“删除当前路径”按钮和“添加蒙版]按钮外，其他几项按住Alt再单击相应按钮会出现对应控制面板。

3.4 矩形工具组

3.4.1 矩形工具

在工具箱中选择矩形工具，其选项栏中就会显示它的相关选项，如图3.20所示，绘图模式选择像素就可以在画面中绘制像素图形（也称为删格形状）。用户不能像处理矢量对象那样来编辑像素图形。像素图形是使用当前的前景色创建的。

图3.20

（1）模式：控制形状如何影响图像中的现有像素。

（2）不透明度：决定形状遮蔽或显示其下面像素的程度。“不透明度”为1%的形状几乎是透明的，而“不透明度”为100%的形状则完全不透明。

（3）消除锯齿：混合边缘像素和周围像素。

（4）在选项栏中单击按钮，弹出几何选项调板，可以在其中选择所需的选项。

➢ 不受约束：此选项为默认值，选择该选项时可以随意拖动鼠标，以创建任意大小或长宽比的矩形。

➢ 方形：选择该选项，不需要拖动鼠标，都将绘制出正方形，大小根据拖动时的幅度而定。

➢ 固定大小：选择该选项，则可以在“W”和“H”文本框中输入所需的数值来设置所要绘制矩形的长宽比。

➢ 从中心：勾选该选项，可以从图形的中心向外绘制图形。

3.4.2 圆角矩形工具

使用圆角矩形工具可以绘制圆角矩形。在工具箱中选择圆角矩形工具，其工具选项栏如图3.21所示。

图 3.21

在“半径”文本框中输入数值，可以设置圆角的半径值，数值越大角度越圆滑，如果该数值为 0px，可创建矩形。如图 3.22 所示为半径不同的圆角矩形的应用效果。

图 3.22

3.4.3 椭圆工具

使用椭圆工具可以在画面中绘制各种大小的椭圆或圆形，其使用方法与矩形工具一样，不同之处在于其选项与矩形工具有细微差别，图 3.23 所示选项面板中选中圆单选按钮，可绘制正圆形。

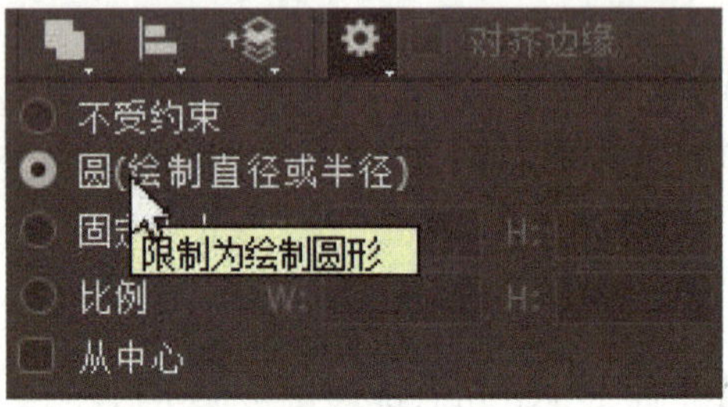

图 3.23

3.4.4 多边形工具

使用圆角矩形工具可以绘制多边形。如果在选项栏中选择形状，则绘制多边形形状；如果选择路径，则绘制多边形路径；如果选择像素，则绘制像素多边形。

在工具箱中选择多边形工具，并在选项栏中设置“边”为 5，再显示几何选项调板，在其中选择“星形”选项，其他不变，如图 3.24 所示。

图 3.24

多边形工具选项栏中各项说明（各选项效果见图3.25所示）。

（1）半径：在多边形选项调板的“半径”文本框中可以输入外接圆的半径值，也就是中心点到外部点到外部点间的距离。

（2）平滑拐角：在多边形选项面板中勾选该选项，可以使绘出的多边形拐角平滑。

（3）星形：在多边形选项面板中勾选此选项，可以绘出星形图形。

（4）缩进边依据：指定星形半径将被占据的部分，可以输入1%～99%之间的数值，如果输入50%将占据一半，如果输入90%将占据90%。

（5）平滑缩进：在多边形选项面板中勾选“星形”选项后，该选项才被激活，勾选“平滑缩进”选项可以将多边形的边平滑地向中心缩进。

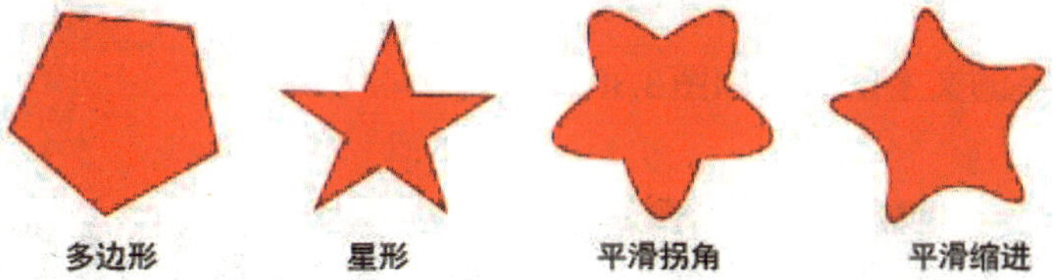

图3.25　各选项效果图

3.4.5　直线工具

使用直线工具可以绘制各种类型的直线，箭头与虚线。

在工具箱中选择直线工具，其工具选项如图3.26所示。箭头效果如图3.27所示。

图3.26

图3.27

3.4.6　自定义形状工具

使用自定义形状工具可以绘制各种预设的形状以及自定义的形状。

在工具箱中选择自定形状工具，并在选项栏中选择形状，在填充弹出式调板中选择所需的图案，设置描边为无，在形状弹出式调板中选择所需的形状，其他不变，如图3.28所示然后在画面中按下左键从一点向另一点拖动，即可绘制出选择的形状。右上角按钮中可追加进来更多有趣的形状。

图3.28

3.5 文字工具

3.5.1 文字工具选项说明

选择文字工具，其工具选项栏如图3.29所示，通过它可设置文字的字体样式、字号大小、字体颜色等等。

图3.29

3.5.2 文字图层

当我们使用“文字工具”在图像中创建文字后，在“图层”面板中会自动创建一个以输入的文字内容为名字的文字图层，如图3.30所示。

图3.30 图像中的文字及在“图层”面板生成的文字图层

文字图层具有与普通图层不一样的操作性。例如，在文字图层中无法使用画笔、铅笔、渐变等工具进行绘制操作，也无法使用“滤镜”菜单中的滤镜命令对该图层进行操作，只能对文字进行变换、改变颜色等简单的操作。但可以改变文字图层中的文字属性，同时保持原文字所具有的其他基本属性不变，其中包括自由变换、颜色、图层效果、字体、字号、角度等。如，对于如图3.31所示的文字效果，如果需要将图中数字的字体从“宋体”改变为“黑体”，可以先将文字选中，在工具“属性栏”中选择“黑体”字体，改变字体后，文字的颜色和大小都不会改变，如图3.32所示。

图3.31　原文字效果图

图3.32　改变后的文字效果

3.5.3　段落文字

Photoshop中文字分为两种，一种是美术字，选择文字工具直接点击编写即可；另一种称为段落文字，要创建段落文字，可选择“文字工具”后在图像中单击并拖曳光标，拖动过程中将在图像中出现一个虚线框，如图3.33所示。释放鼠标左键后，在图像中将显示段落定界框，如图3.34所示，然后在段落定界框中输入相应的文字。

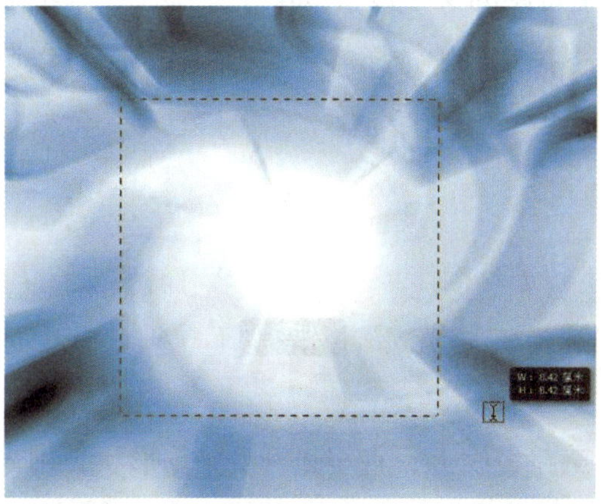

图3.33　摇曳光标

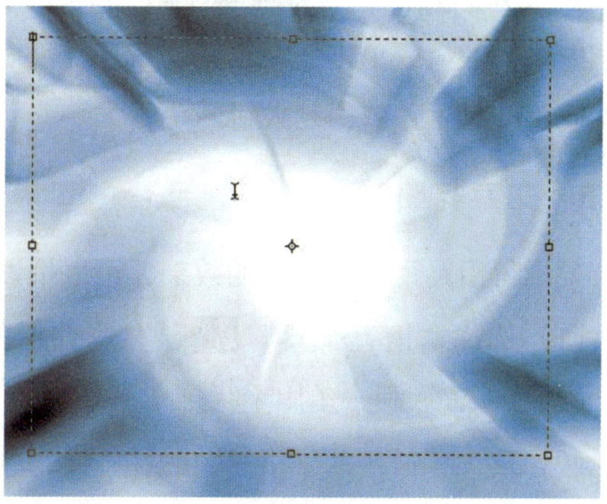

图3.34　段落定界框

3.5.4　字符与段落文本的格式

要编辑文字属性可以按以下步骤进行操作。

(1) 在“图层”面板中双击要设置字符的文字图层缩略图，或利用相应的文字工具在图像中的文字上单击，以选择当前文字图层中的所有或部分文字。

(2) 单击工具属性栏中的“切换字符和段落面板”按钮 或者使用快捷键Ctrl+T，弹出如图3.35所示的“字符”面板。

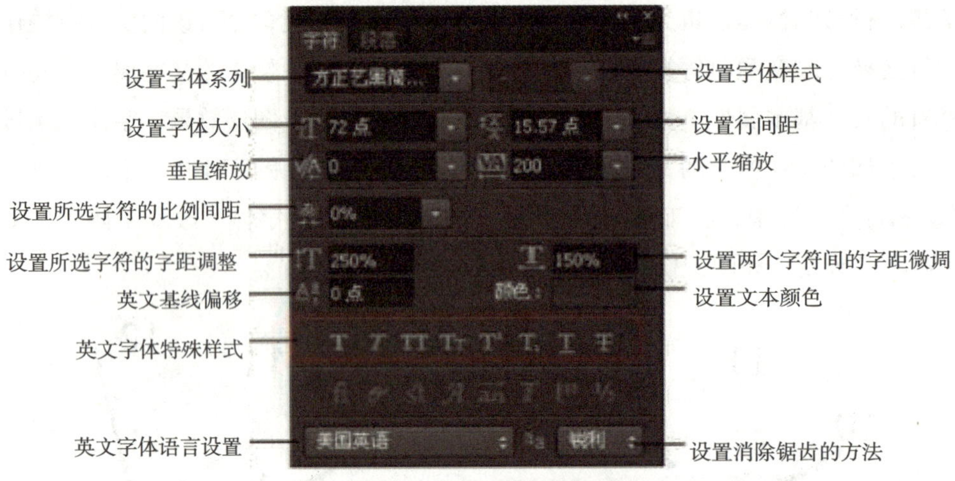

图3.35 “字符”面板

（3）在“字符”面板中设置属性后，单击工具属性栏中的“提交所有当前编辑”按钮进行确认。

“字符”面板中的重要参数及选项意义如下。

➢ “设置字体系列” ：选中字符或文字图层，单击选项右侧的 按钮，在其下拉列表框中选择需要的字体。

➢ “设置字体样式” ：选中字符或文字图层，单击选项右侧的 按钮，在其下拉列表框中选择需要的字体样式。

➢ “设置字体大小” ：选中字符或文字图层，在数值框中输入数值或单击选项右侧的 按钮，在其下拉列表框中选择需要的字体大小数值。

➢ “设置行间距” ：选中需要调整行距的文字段落或文字图层，在选项的数值框中输入数值或单击选项右侧的 按钮，在其下拉菜单中选择需要的行距数值，可以调整文本段落的行距，数值越大行间距越大。

3.5.5 文字与路径

要取得沿路径绕排文字的效果，可以按以下步骤进行操作。

（1）选择“钢笔工具” ，在属性栏的“选择工具模式” 下拉列表框中选择“路径”选项，绘制一条用于绕排文字的路径

（2）选择“横排文字工具” ，将此工具移至路径线上，直至光标变为 形状，用光标在路径线上单击，以在路径线上创建一个文本光标点。

（3）在文本光标点的后面输入所需要的文字，完成输入后单击“提交所有当前编辑”按钮 确认，即可得到所需要的效果。

可以通过以下方法改变绕排于路径上的文字的位置及文字属性等。

（1）改变绕排文字位置

要改变绕排于路径上的文字，可以在选中文字工具的同时按住Ctrl键，此时鼠标的光标将变为 形，用此光标拖动文本前面的文本位置点，如图3.36所示，即可沿着路径移动文

字，效果如图3.37所示。也可以选择“路径选择工具”，并将光标放在绕排于路径的文字上，此时光标同样会变为形状，用此光标拖动文字即可。

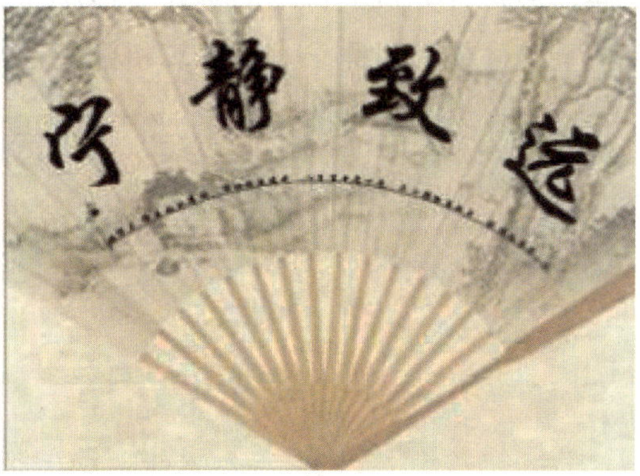

图3.36　移动文字图

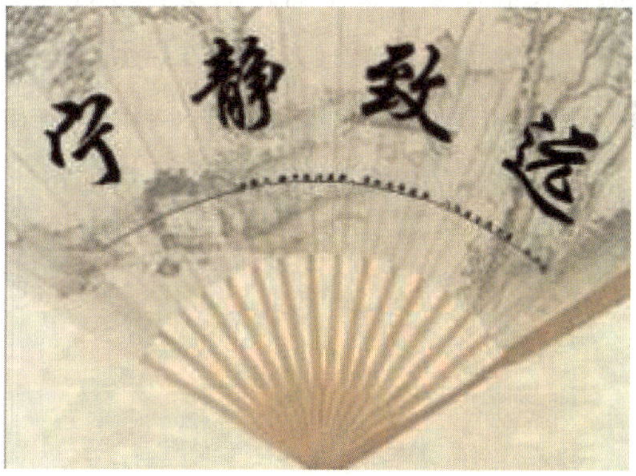

图3.37　移动位置后效果

（2）改变绕排文字属性

用文字工具将路径线上的文字选中，然后在“字符”面板中修改相应的参数，即可修改绕排于路径上的文字的各种属性，其中包括字号、字体、水平或垂直排列方式及其他文字的属性，如图3.38所示为修改文字的字号与字体后的效果。

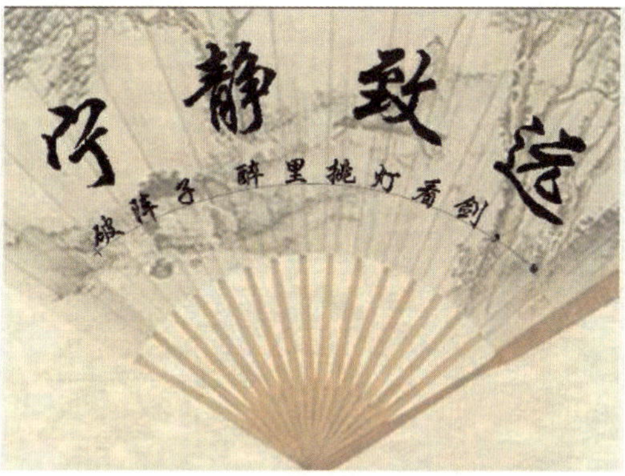

图3.38　修改文字的字号与字体后的效果

（3）改变绕排路径

如果我们修改了路径的曲率、角度或节点的位置，则绕排于路径上的文字形状及文字相对于路径的位置将自动修改。如图3.39所示为通过修改节点的位置及路径线曲率后的文字绕排效果，可以看出，文字的绕排形状已经随着路径形状的改变而发生了变化。

图3.39　修改路径形状后的效果

3.5.6 字体安装

通常我们在编辑文本时，需要各种各样的字体，但是计算机上自带的字体可能不符合设计需求。因此需要将第三方字体安装到用户计算机上，才能满足需求。在计算机的桌面上双击（计算机）图标，打开“计算机”窗口，在C盘中找到Windows文件夹中的Fonts文件，将需要安装的字体包放入该文件夹即可。

总结

本章主要介绍了路径的基本用法，掌握钢笔工具及对应辅助绘制工具，可方便设计师绘制较复杂的图标、矢量图形。文字工具的基本操作可以帮助用户，在文本输入时大大提高效率。

作业

1. 利用钢笔工具和文字工具的结合，实现如3.40所示的文字创意插图。

图3.40

2. 利用钢笔工具完成如图3.41的小图标。

图3.41

3. 利用路径相关知识点完成下图安卓小图标，如图3.42所示。

图3.42

4. 利用路径相关知识点完成下图情人节贺卡，如图3.43所示。

图3.43

5. 利用所学知识点，完成如图3.44所示的创意文字设计。

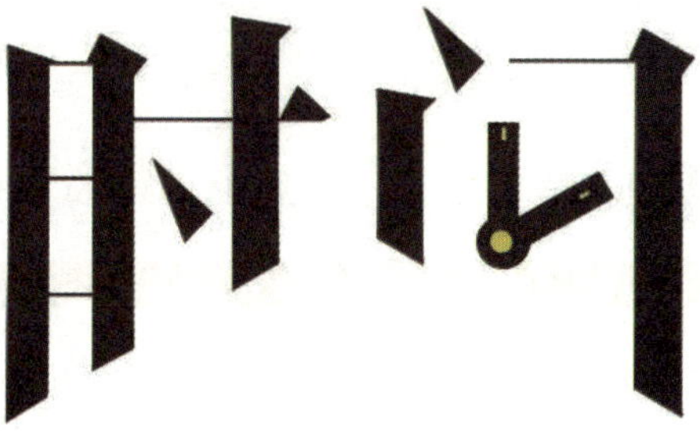

图3.44

扩展练习

利用本章所学完成下图个人简介App界面，如图3.45所示。

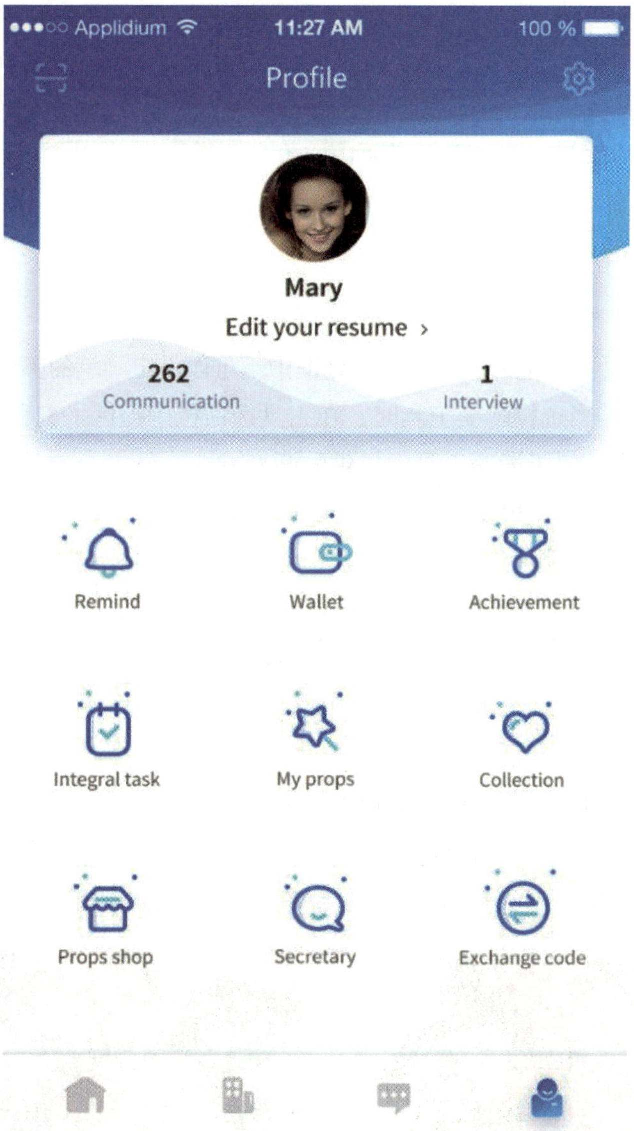

图3.45

第4章 绘 画 工 具

学习目标

掌握画笔工具组基本操作

掌握擦除工具组的使用

熟练运用渐变工具

预习任务

1. 橡皮擦工具不能擦除背景层上的图像（　　）。（判断题）

2. 在Photoshop中，在画笔的属性设置对话框中不可以设定画笔的颜色（　　）。（判断题）

3. 在Photoshop中，当选择渐变工具时，在工具选项栏中提供了五种渐变的方式。下面四种渐变方式里，哪一种不属于渐变工具中提供的渐变方式？（　　）。（选择一项）

A. 线性渐变　　B.角度渐变　　C.径向渐变　　D.模糊渐变

4. “自动抹除”选项是哪个工具栏中的功能（　　）。（选择一项）

A. 画笔工具　　B.喷笔工具　　C.铅笔工具　　D.直线工具

5. 下面对渐变填充工具功能的描述哪些是正确的（　　）。（选择多项）

A.如果在不创建选区的情况下填充渐变色，渐变工具将作用于整个图像。

B.不能将设定好的渐变色存储为一个渐变色文件。

C.可以任意定义和编辑渐变色，不管是两色、三色还是多色。

D.在Photoshop中共有五种渐变类型。

6. 尝试运用擦除工具组的橡皮擦工具，将图中草莓去除背景。

原图

效果图

4.1　画笔工具组

4.1.1　画笔工具

画笔工具是使用绘画和编辑工具的重要部分。选择的画笔决定着描边效果的许多特性。在Photoshop中提供了各种预设画笔，也可以使用“画笔”面板来创建自定义画笔。

在工具箱中选择画笔工具，选项栏中就会显示如图4.1所示的选项，可以根据需要设置各选项，也可以直接采用默认值，在画布中拖动指针或单击，都能绘制所需的线条或点或效果。

图4.1　画笔选项栏

1. 工具选项栏属性

（1）画笔预设：单击属性栏中画笔右侧的三角形按钮，在弹出的画笔预设选取器面板中选择需要的笔刷如图4.2所示。Photoshop内置的笔刷效果非常丰富，使用这些笔刷能够绘制出不同效果的图像，其中的（大小）用来设置画笔的笔尖大小，可通过键盘上的“[”/“]”快捷调整画笔笔尖大小，“硬度”用来改变画笔笔尖的软硬度，也就是使画笔笔尖的边缘软化或硬化，可通过键盘上的“Shift+ [”/“Shift+]”快捷调整画笔硬度。

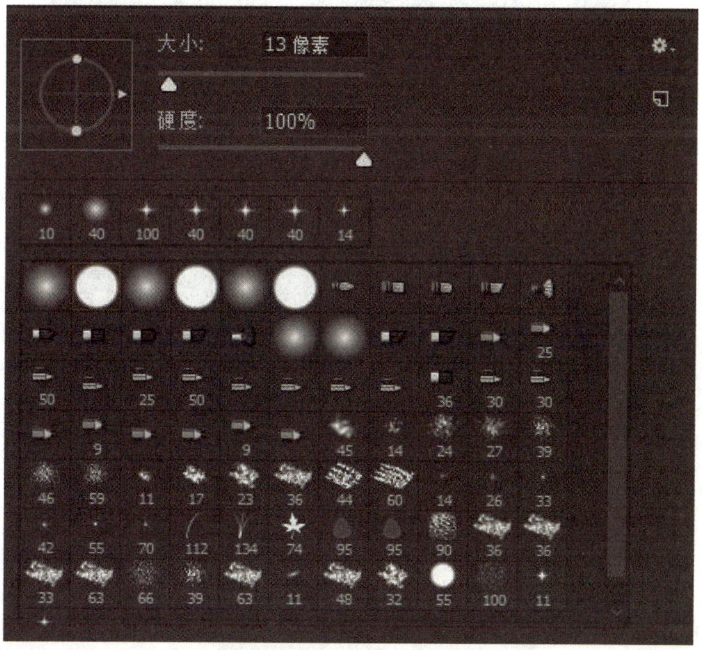

图4.2　画笔预设选取器

（2）画笔面板：单击该按钮可以显示或隐藏“画笔”面板，快捷键F5。

（3）模式：在“模式”下拉列表中可以选择所需的混合模式。

（4）不透明度：指定画笔、铅笔、仿制图章、图案图章、历史记录画笔、历史记录艺术画笔、渐变和油漆桶工具应用的最大油彩覆盖量。

（5）流量：指定画笔工具应用油彩的速度。

（6）喷枪工具：选择它就可以应用喷枪的属性。

（7）与绘图板（数字板）压力按钮：选择它们可以使用笔尖压力，可以置换“画笔”面板中的不透明度和大小设定。

2. 认识画笔面板

在“画笔”面板中，我们可以为画笔设置“动态形状”“散布”“纹理”等，使画笔笔触能够绘制出丰富的随机效果。能够在“画笔”面板中设置效果的工具有“画笔工具”“铅笔工具”“修复画笔工具”“橡皮擦工具”“仿制图章工具”“涂抹工具”。

要显示“画笔”面板，可以在上述工具被选中的情况下，在属性栏中单击“切换画笔面板”按钮或直接按下F5键，在默认情况下“画笔”面板显示如图4.3所示。

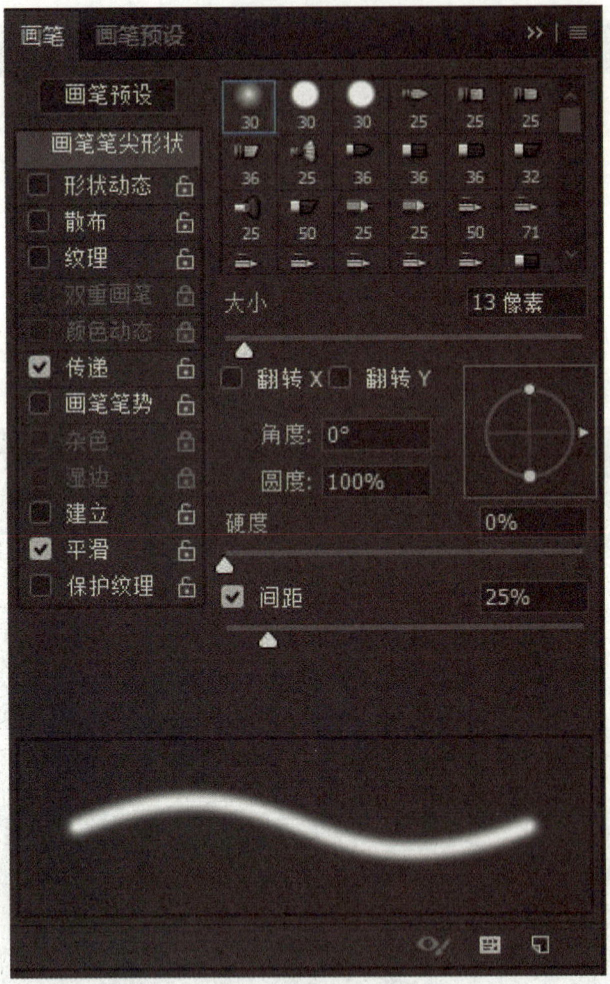

图4.3　画笔面板

4.1.2　铅笔工具

铅笔工具用于绘制边缘较硬的线条，此工具的属性栏如图4.4所示。

图4.4　“铅笔工具”属性栏

“铅笔工具”属性栏中的选项与“画笔工具”属性栏中的选项非常相似，不同之处是在铅笔工具被选中的情况下，“画笔”面板中所有笔刷均为硬边，如图4.5所示。

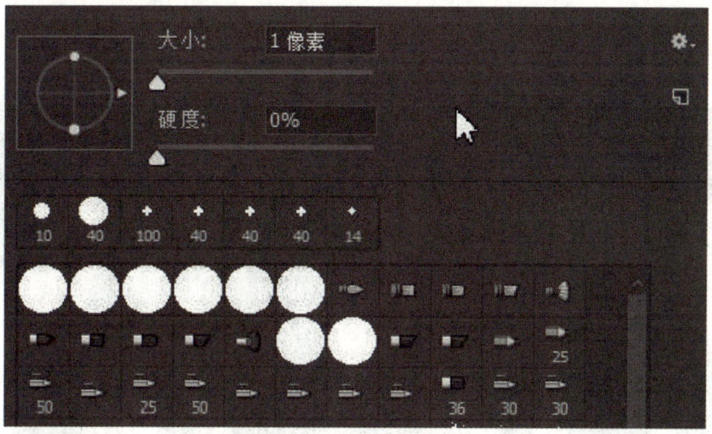

图4.5 “铅笔工具”的画笔面板

“自动抹除”：在该复选框被启用的情况下进行绘图时，如绘图处不存在使用“铅笔工具”所绘制的图像，则该工具的作用是以前景色绘图。反之，如果存在以前使用“铅笔工具”所绘制的图像，则该工具可以起到擦除图像的作用。

4.1.3 颜色替换工具

“颜色替换工具”用于替换图像中某种颜色区域，其属性栏如图4.6所示，其属性栏中的选项与画笔基本相同。

图4.6 “颜色替换工具”属性栏

4.1.4 混合器画笔工具

“混合器画笔工具”可以模拟绘画的笔触进行艺术创作，如果配合手写板进行操作，将会变得更加自由、更像在自己的画板上绘画，其属性栏如图4.7所示。

图4.7 “混合器画笔工具”属性栏

属性栏中的各参数含义如下。

（1）“当前画笔载入”：在此可以重新载入或者清除画笔。在此下拉列表框中选择“只载入纯色”选项，此时按住Alt键将切换至“吸管工具”吸取要涂抹的颜色，如果没有选中此选项，则可以像“仿制图章工具”定义一个图像作为画笔进行绘画.直接单击此缩览图，可以调出“拾色器”对话框，选择一个要绘画的颜色。

（2）“每次描边后载入画笔”按钮：单击该按钮后，将可以自动载入画笔。

（3）“每次描边后清理画笔”按钮：单击该按钮后，将可以自动清理画笔，也可以将其理解为画家绘画一笔之后，是否要将画笔洗干净。

（4）“画笔预设” 自定 ：在此下拉列表框中选择多种预设的画笔，选择不同的画笔预设，可自动设置后面的“潮湿”“载入”以及“混合”等参数。

（5）“潮湿”：此参数可控制绘画时从画布图像中拾取的油彩量，如图4.8所示是原始图像，图4.9、图4.10所示是分别设置此参数为0和100时的不同涂抹效果。

（6）“载入”：此参数可控制画笔上的油彩量。

（7）“混合”：此参数可控制色彩混合的强度，数值越大，混合强度越大。

图 4.8　原图像

图 4.9　设置“潮湿”数值为 0

图 4.10　设置“潮湿”数值为 100

图 4.11 所示为原图像，图 4.12 所示是使用混合器画笔工具涂抹后的效果，图 4.13 所示是仅显示涂抹内容时的效果。

图 4.11　原图像

图 4.12　绘画效果

图 4.13　仅显示涂抹内容时的效果

4.2　擦除工具组

4.2.1　橡皮擦工具

“橡皮擦工具” 和现实中橡皮擦的作用是相同的，在此工具被选择的情况下，在图像中按下鼠标左键并拖动便可以擦除拖动操作所掠过的区域。

如果在背景图层上使用“橡皮擦工具”，则被擦除的区域填充背景色，如果在非背景图层使用此工具，被擦除的区域将变得透明，此工具的属性栏如图 4.14 所示。

图 4.14　“橡皮擦工具”属性栏

（1）使用“橡皮擦工具”进行擦除操作前，需要首先在“画笔”下拉列表框中选择合适的笔刷，以确定在擦除时拖动一次所能擦除区域的大小，选择的笔刷越大，一次所能擦除的区域就越大。

（2）在“模式”下拉列表框中，可以选择不同的橡皮擦工作方式以创建不同的擦除效果，在此可以选择的选项有“画笔”“铅笔”“块”3个选项，如图4.15所示为分别使用这3种选项执行擦除后的效果（假设此时的背景色为白色）。

画笔擦除效果　　铅笔擦除效果　　块擦除效果

图4.15　不同的擦除效果

（3）在“抹到历史记录”复选框被启用的情况下，使用此工具在图像上擦除，可以将图像有选择地恢复至某一历史记录状态。在此复选框被启用的情况下，将如图4.16所示的图像进行动感模糊处理，得到如图4.17所示的效果。

图4.16　原图像

图4.17　模糊后的效果

（4）如果在“历史记录”面板中，将历史笔刷定位于模糊前命令的左侧，如图4.18所示。应用“橡皮擦工具”在图像上擦除，即可使图像恢复至模糊前的效果，如图4.19所示。

图4.18　将历史笔刷定位于模糊前命令的左侧

图4.19　使用橡皮擦工具后的效果

4.2.2　背景橡皮擦

使用Photoshop中的“背景橡皮擦工具”，可以将“背景”图层上的所有像素擦除掉，得到透明像素，此时“背景”图层将转换成为“图层0”，背景橡皮擦的属性栏如图4.20所示。

图4.20　“背景橡皮擦工具”属性栏

如图4.21所示为原图像及其对应的“图层”面板。如图4.22所示为按图4.20所示设置背景橡皮擦属性栏后，在图像中背景色区域进行擦除操作后所得到的效果及对应的“图层”面板状态。

图4.21　原图像及其对应的“图层”面板

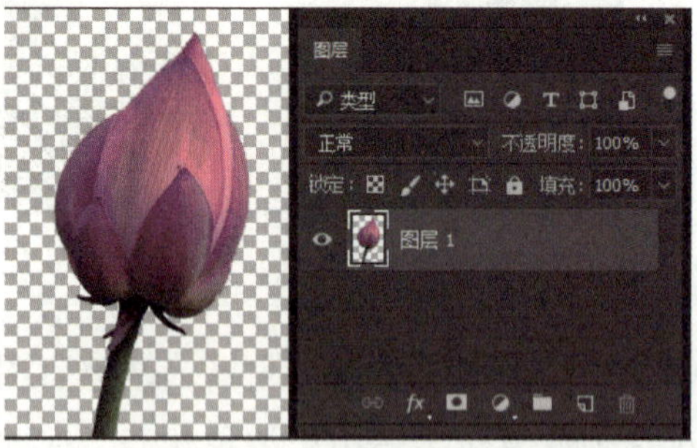

图4.22　擦除背景后的效果及其对应的图层面板

可以看出，使用此工具后图像中的所有白色区域匀被擦除成为透明，而且背景层也转换成为图层0。

4.2.3　魔术橡皮擦

使用“魔术橡皮擦工具”可以擦除与当前单击处颜色相近的连续或非连续区域，其属性栏如图4.23所示。

图4.23　“魔术橡皮擦工具”属性栏

如图4.24所示为原图像及其对应的“图层”面板。按图4.23所示设置“魔术橡皮擦工具”属性栏参数，使用“魔术橡皮擦工具”单击图像中的天空区域得到如图4.25所示的效果（仅执行单击操作）。

图4.24　原图像及其对应的图层面板

图4.25　擦除天空后的效果

如果在擦除操作中需要得到较柔和的效果，可以启用“消除锯齿”复选框，其他选项与所讲基本相同，在此不再赘述。

4.3　渐变工具

在工具箱中选择“渐变工具”后，属性栏显示如图4.26所示。渐变工具的使用方法较为简单，其工具选项属性如下：

图4.26 “渐变工具”属性栏

（1）“渐变编辑器”：单击可打开“渐变编辑器”，在弹出的如图4.27所示的面板中选择需要的渐变效果，双击可添加或删除色标，上排不透明度色标可调整透明度，下排色标改变颜色。

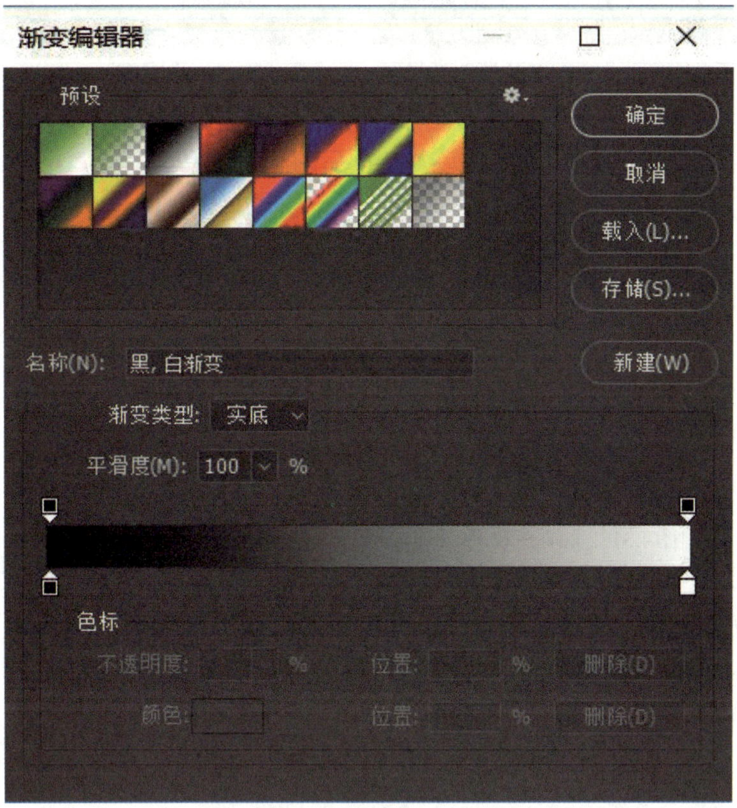

图4.27 “渐变类型”面板

（2）“渐变工具”：在Photoshop的“渐变工具”属性栏中可以创建5类渐变，分别是线性渐变、径向渐变、角度渐变、对称渐变、菱形渐变，如图4.28所示。我们可以根据需要从中选择需要的渐变类型。

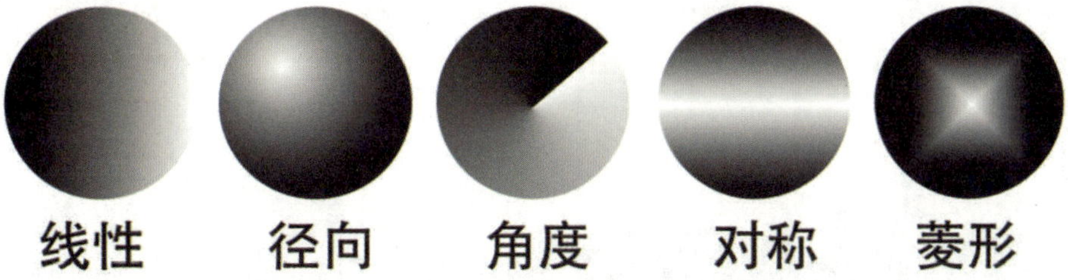

图4.28 不用渐变类型创建的不同效果

（3）“模式”：用于选择着色的模式。

（4）“不透明度”：在此输入百分比数可设置渐变的不透明度，数值越大，渐变越不透明，反之则越透明。如图4.29所示是“不透明度”为40%时的渐变效果，如图4.30所示是“不透明度”为100%时的渐变效果。

图 4.29　“不透明度”为 40%时的渐变效果图

图 4.30 “不透明度”为 100%时的渐变效果

（5）“反向”：启用该复选框，可以使当前的渐变反向填充。如图 4.31 所示为启用该复选框前的渐变效果，如图 4.32 所示为启用该复选框后的渐变效果。

图 4.31　原渐变效果

图 4.32　反向渐变效果

（6）“透明区域”：启用该复选框，可以使当前的渐变按设置呈现透明效果，从而使应用渐变的下层图像区域透过渐变显示出来。如图 4.33 所示为应用白色到透明的渐变前后对比效果。

图 4.33　应用透明渐变前后的对比效果

总结

本章主要介绍了画笔工具组基本用法，掌握好画笔工具对以后的绘图上色有极大的帮助，画笔工具跟路径的结合也可以创造出很多出奇的效果。橡皮擦工具在擦除功能上效果明显，其是必不可少的工具之一。渐变工具可以为我们单调的纯色填充增添更多的色彩，其使用也很频繁，掌握好它可以在创作中体现更好的色彩感。

作业

1. 利用本章所学知识点，制作一系列邮票效果，如图4.34所示效果。

图4.34

2. 结合本章所学制作如图4.35所示的炫彩背景效果。

图4.35

3. 利用图4.36素材，结合所学工具发挥想象为鸡蛋设计表情，如图4.37所示。

图4.36　素材

图4.37　效果图

4. 利用本章所学结合路径面板，实现如图4.38所示效果。

图4.38　效果图

扩展练习

制作如图4.39所示绚丽背景效果图。

图4.39　效果图

第5章　修饰与修复图像

学习目标

掌握修复工具的使用

了解修饰图像工具的应用

掌握修复工具和修饰工具

预习任务

1. 去除脸部的斑点。(知识点：污点修复画笔)

修复前

修复后

2. 去除脸部多余发丝。（知识点：污点修复画笔工具、修补工具、仿制图章工具）

修复前

修饰后

在传统的摄影中，处理照片总是离不开暗房这一环节，而使用电脑对数码照片或扫描的照片进行后期处理时，可以轻松的完成传统摄影需要花费大量人力和物力才能实现的后期工作，使摄影从暗房中解救出来。Photoshop提供了大量专业的照片修复工具，包括污点修复画笔、修复画笔、仿制图章、修补和红眼等工具，它们可以快速修复图像中的污点和瑕疵。

5.1　修复工具

5.1.1　修复画笔工具

使用修复画笔工具可以修复图像中的瑕疵，使它们消失在周围的图像中，它可以利用图像或图案中的样本像素来绘制，并且在修复的同时将样本像素的纹理、光照和阴影与源像素进行匹配，从而使修复后的像素不留痕迹地融入图像中。使用修复画笔修复前后效果如图5.1和5.2所示。

图5.1　使用修复画笔修复前

图5.2　使用修复画笔修复后

在工具箱中选择修复画笔工具，采用已设置好的画笔，移动指针到画面中要取样的地方，再按下Alt键，当指针发生变化时在画面中单击，以所指位置为取样点。松开Alt键，在文件中需要修复内容的地方确认起点，然后按下左键进行拖动即可。

修复画笔工具选项栏中各选项说明，如图5.3所示。

图5.3　修复画笔工具选项栏

（1）（画笔选择器）：单击画笔选择器按钮，将弹出如图5.4所示的画笔选择器，在其中可以设置“大小”“硬度”“间距”“角度”“圆度”选项等，具体选项说明可以查看前面“画笔”面板中的画笔笔尖形状。

（2）模式：在“模式”下拉列表中可以选择所需的修复模式，如图5.5所示。

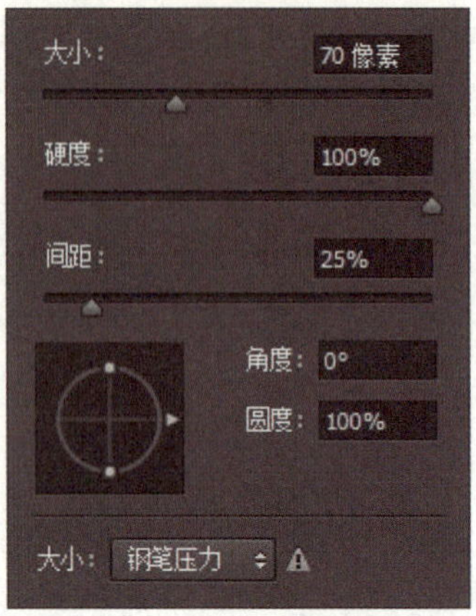

图5.4　画笔选择器图

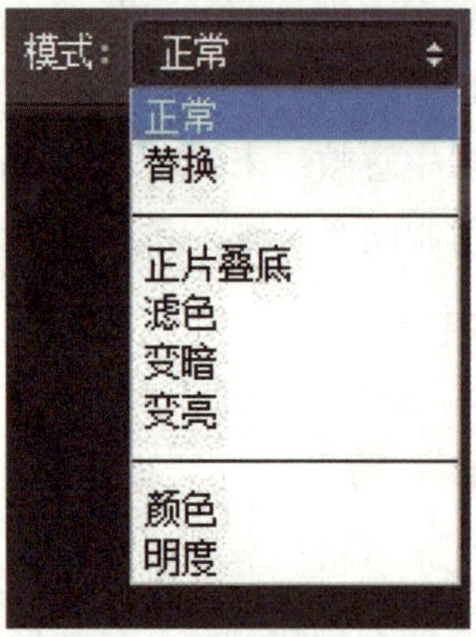

图5.5 “模式”下拉列表

（3）源：设置用于修复的像素的来源。选择“取样”，可以直接从图像上取样；选择“图案”，则可在图案下拉列表中选择一个图案作为取样来源。

（4）对齐：勾选该项，会对像素进行连续取样，在修复过程中，取样点随修复位置的移动而变化；取消勾选，则在修复过程中始终以一个取样点为起始点。

5.1.2　污点修复画笔工具

使用污点修复画笔工具可以快速移去照片中的污点和其他不理想的部分。它的工作原理是使用图像或者图案中的样本像素进行绘图，并将样本像素的纹理、光照、透明度和阴影与所修复的像素相匹配。与修复画笔不同的是，污点修复画笔不需要用户指定样本点，它将自动从所修饰区域的周围取样。如图5.6、图5.7所示。

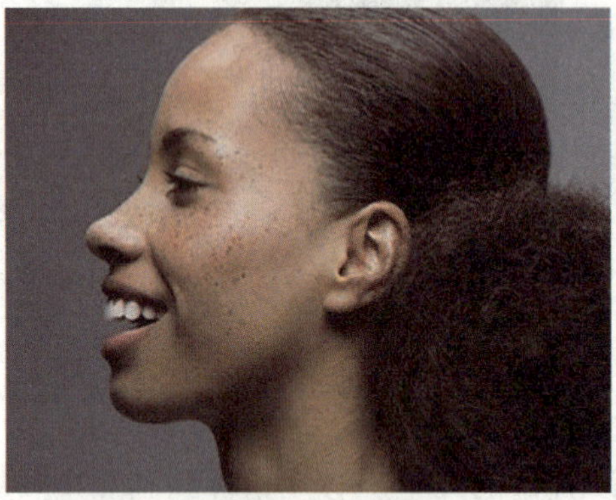

图5.6　使用污点修复画笔修复前

图5.7　使用污点修复画笔修复后

污点修复画笔工具选项栏中各选项说明，如图5.8所示。

图5.8　污点修复画笔工具选项栏

（1）近似匹配：使用选区边缘周围的像素来查找要用作选定区域修补的图像区域。

（2）内容识别：选择该选项可以使要修复的区域自动获取周围非常相似的像素来修复指定区域，以使要修复的区域与周围像素完全融合。

（3）创建纹理：使用图像中的所画区域附近的像素或使用预设自定图案来修复该区域的纹理。

5.1.3 修补工具

使用修补工具可以将选区的像素用其他区域的像素或图案来修补，实际上修补工具和修复画笔工具的功能差不多，只是修补工具的相率更高一些。

修补工具选项栏中各选项说明，如图5.9所示。

图5.9修补工具选项栏

（1）选区创建方式：按下新选区按钮，可以创建一个新的选区，如果图像中包含选区，则新的选区会替换原有选区；按下添加到选区按钮，可以在当前选区的基础上添加新的选区；按下从选区减去按钮，可以在原选区中减去当前绘制的选区；按下与选区交叉按钮，可得到原选区与当前创建的选区相交的部分。

（2）修补：在“修补”选项中可以选择“源”“目标”和“透明”，如图5.10、图5.11所示。

➢ 源：将选中的区域拖动到用来修复的目的地，即可将选中的区域修复好，而且与周围环境非常融合。

图5.10 使用修补画笔修复前

图5.11 使用修补画笔修复后

➢ 目标：先用修补工具框选出用于修复的区域，然后将其拖动到要修复的区域。

➢ 透明：勾选该项后，可以使修补的图像与原图产生透明叠加的效果。

（3）使用图案：在图案下拉面板中选择一个图案，单击该按钮，可以使用图案修补选区内的图像。

5.1.4 内容感知移动工具

内容感知移动工具是Photoshop CS6新增的工具，用它将选中的对象移动或扩展到图像的其他区域后，可以重组和混合对象，产生出色的视觉效果。

内容感知移动工具中各选项说明，如图5.12所示。

图5.12 内容感知移动工具选项栏

（1）模式：用来选择图像移动方式，包括“移动”和“扩展”，如图5.13～图5.16所示。

移动：先用内容感知移动工具选出用于移出的区域，执行编辑菜单下的填充，在填充对话框中作如下设置，即可将选中的区域移出，而且可以自动识别并恢复背景。

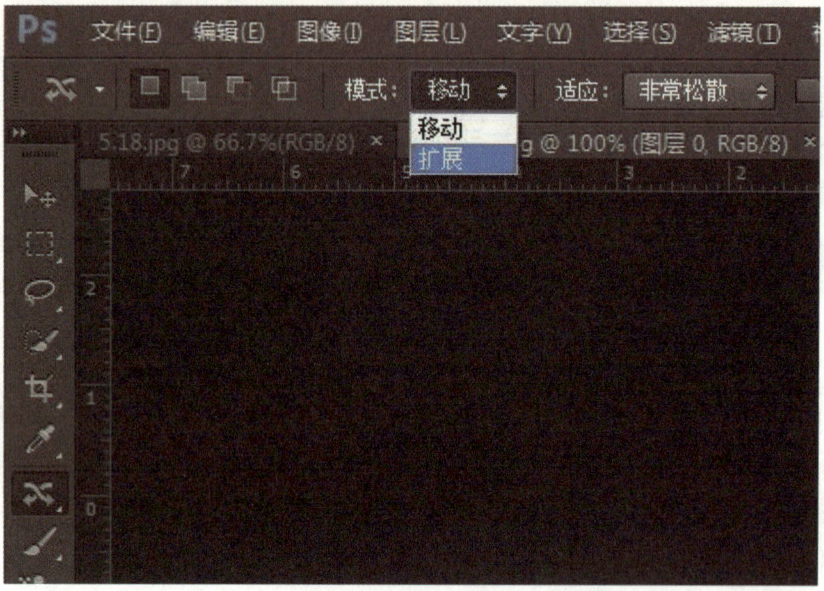

图 5.13　“模式”下拉列表

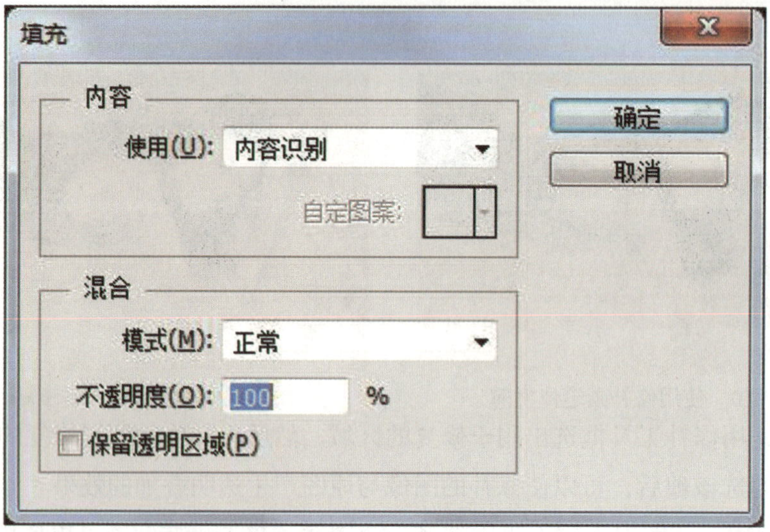

图 5.14　填充对话框

图 5.15　使用内容感知移动工具修复前

图 5.16　使用内容感知移动工具修复后

（2）适应：用来设置图像修复精度。

（3）对所有图像取样：如果文档中包含多个图层，勾选该项，可以对所有图层中的图像进行取样。

5.1.5 红眼工具

红眼工具可以去除用闪光灯拍摄的人物照片中的红眼，以及动物照片中的白色或绿色反光，如图5.17、图5.18所示。

图5.17　使用红眼工具修复前

图5.18　使用红眼工具修复后

5.2 图章工具

5.2.1 仿制图章工具

使用仿制图章工具可以从图像中取样，然后将样本应用到其他图像或同一图像的其他部分，也可以将一个图层的一部分仿制到另一个图层。仿制图章工具对要复制对象或移去图像中的缺陷十分有用。在使用仿制图章工具时，需要在该区域上设置要应用到另一区域上的取样点，如图5.19、图5.20所示。

图5.19　使用仿制图章工具修复前

图5.20　使用仿制图章工具修复后

仿制图章工具中各选项说明，如图5.21所示。

图5.21　内容感知移动工具选项栏

（1）对齐：选中该选项，在绘制过程中释放鼠标左键暂停绘制后再重新绘制时，仍然会以原来的相对位置对源图像取样。如果不选该选项，每次释放鼠标左键，都将从取样点重新取样。

（2）样本：在“样本”列表中可以选择当前图层，对当前图层取样；如果选择当前和下方图层，则对当前与下方的图层进行取样；如果选择所有图层，则对所有图层中的像素进行取样。

5.2.2 图案图章工具

可以使用图案图章工具中的图案绘画，也可以从图案库中选择图案或创建自己的图案。主要用于设计无缝连接的图案。

（1）映像派效果：如果勾选“映像派效果”选项，可以对图案应用印象派效果，如图5.22、图5.23所示。

图5.22　图案图章工具处理前

图5.23　图案图章工具处理后

5.3 色调工具

5.3.1 减淡和加深工具

减淡或加深工具采用了用于调节照片特定区域的曝光度的传统摄影技术，可以使图像区域变亮或者变暗。减淡工具可以使图像变亮，加深工具可以使图像变亮。选中工具后在需要调整的图像部分进行拖移。

减淡工具和加深工具的选项栏完全一样，如图5.24、图5.25所示。

图5.24 色调工具

图5.25 加深工具和减淡工具选项栏

（1）范围：在其下拉列表中可以选择图像中要更改的的色调，如阴影、中间调或高光。

➢ 中间调：可以更改灰色的中间氛围。

➢ 阴影：可以更改暗区。

➢ 高光：可以更改亮区。

（2）曝光度：可以通过拖动滑块或输入值指定减淡和加深工具使用的曝光度，如图5.26、图5.27所示。

图5.26 色调工具处理前

图5.27 减淡工具处理后

5.3.2 海绵工具

使用海绵工具可以精确地更改区域的色彩饱和度。在灰度模式下，该工具通过使灰阶远离或靠近中间灰色来增加或降低对比度。选中工具后在需要调整的图像部分进行拖移。

海绵工具中各选项说明，如图5.28所示。

图5.28 海绵工具选项栏

模式：在其下拉列表中可以选择所需更改颜色的方式。

➢ 降低饱和度：可以减弱颜色的饱和度，如图5.29、图5.30所示。

图 5.29　海绵工具处理前

图 5.30　海绵工具处理后

➢ 饱和：可以增强颜色饱和度，如图 5.31、图 5.32 所示。

图 5.31　海绵工具处理前

图 5.32　海绵工具处理后

5.4　聚焦工具

模糊工具可以柔化图像中的硬边缘或区域，以减少细节。锐化工具可以聚焦软边缘，提高清晰度或聚焦程度。选中工具后在需要调整的图像部分进行拖移。

模糊工具和锐化工具的选项栏完全一样，如图 5.33、图 5.34 所示。

图 5.33　聚焦工具

图 5.34　模糊工具和锐化工具选项栏

模糊工具和锐化工具处理前后对比效果，如图 5.35 ~ 图 5.38 所示。

图 5.35　模糊工具处理前

图 5.36　模糊工具处理后

图 5.37　锐化工具处理前

图 5.38　锐化工具处理后

总结

本章介绍了修饰与修复图像的工具，并结合实例或效果分别对修复画笔工具、污点修复画笔工具、修补工具、颜色替换工具、仿制图章工具、图案图章工具、减淡工具、加深工具、模糊工具、锐化工具、海绵工具的使用方法与应用进行了讲述。熟练掌握这些工具，可以快速对要修复与修饰的图像进行处理，从而提高工作效率。

作业

1. 哪个工具可以将选区的像素用其他区域的像素或图案来修补？
2. 哪个工具可以聚焦软边缘，以提高清晰度或聚焦程度？
3. 将图5.39使用相关工具消除人物的黑眼圈并提亮达到图5.40的效果。

图5.39　初始效果

图5.40　改变后的效果

4. 将图5.41使用相关工具消除人物的眼袋并提亮达到图5.42的效果。

图5.41 初始效果

图5.42 改变后效果

5. 将图5.43使用相关工具修补草坪达到图5.44的效果。

图5.43 初始效果

图5.44 改变后效果

6.结合使用相应的工具去除图5.45图片上的鸟，实现图5.46的效果。

图5.45 初始效果

图5.46 改变后效果

7. 使用恰当的工具制作如下的证件照。

图 5.47　制作前的效果

图 5.48　制作后的效果

扩展练习

运用所学工具绘制下方的基本形，并使用图案图章工具将绘制好的基本形制作成平铺对齐的墙纸效果，如图 5.49 所示。

图 5.49　效果图

第6章　图 层 样 式

学习目标

了解图层样式的定义及用途

熟练掌握图层样式的基本操作

了解图层的混合模式及原理

能够运用图层的混合模式实现新的图像处理效果

预习任务

1.使用图层样式中的渐变叠加和投影制作如下效果图。

2.结合所学工具和使用图层样式中的斜面和浮雕绘制巧克力效果图。

6.1 图层样式的定义及用途

图层样式也叫图层效果，它可以为图层中的图像内容添加一些投影、发光、浮雕、描边等效果，创建具有真实质感的水晶、玻璃、金属和纹理特效。图层样式可以随时修改、隐藏或删除，具有非常强的灵活性。此外，使用系统预设的样式，或者载入外部样式，只需轻点鼠标，便可以将效果应用于图像。

添加图层样式的方法有三种。

（1）打开“图层→图层样式”下拉菜单，选择一个效果命令，可以打开“图层样式”对话框，并进入到相应效果的设置面板。

（2）在“图层”面板中单击添加图层样式按钮，打开下拉菜单，选择一个效果命令，如图6.1所示，可以打开“图层样式”对话框并进入到相应的设置面板。

图6.1

（3）双击需要添加效果的图层，可以打开“图层样式”对话框，在对话框左侧选择要添加的效果，即可切换到该效果的设置面板。

6.2 “图层样式”对话框

“图层样式”对话框的左侧列出了10种效果，如图6.2所示。效果名称前面的复选框内有“√”标记的，表示在图层中添加了该效果。注意在已经添加过效果的样式上，单击效果前面的“√”标记，则可以停用该效果，但保留效果参数。

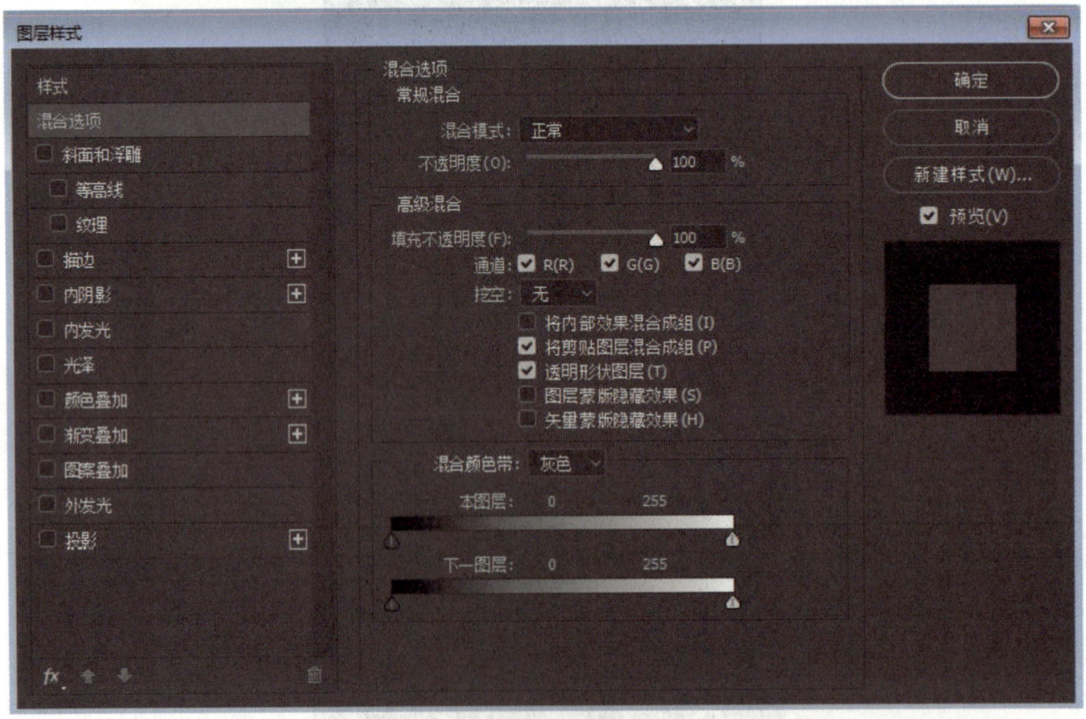

图6.2 “图层样式”对话框

单击一个效果的名称，可以选中该效果，对话框的右侧会显示与之对应的选项。

在图层面板上，鼠标左键单击效果前面的 “小眼睛”可以隐藏或显示对应的图层样式对该图层的视觉影响。

在对话框中设置效果参数后，单击“确定”按钮即可为图层添加效果，该图层会显示出一个图层样式图标和一个效果列表，如图6.3所示，单击后面的小三角形可折叠或展开效果列表。

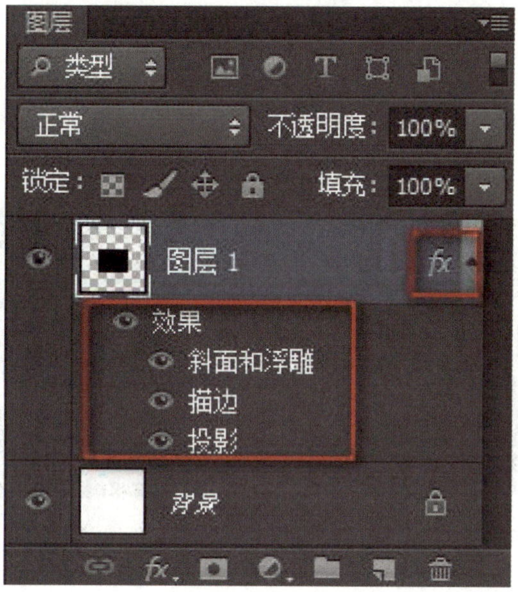

图6.3

6.2.1　投影

打开图层样式对话框，可以给图层添加一个阴影效果。“投影”可以为图层添加光照后产生的投影效果，使其产生立体感，如图6.4所示。

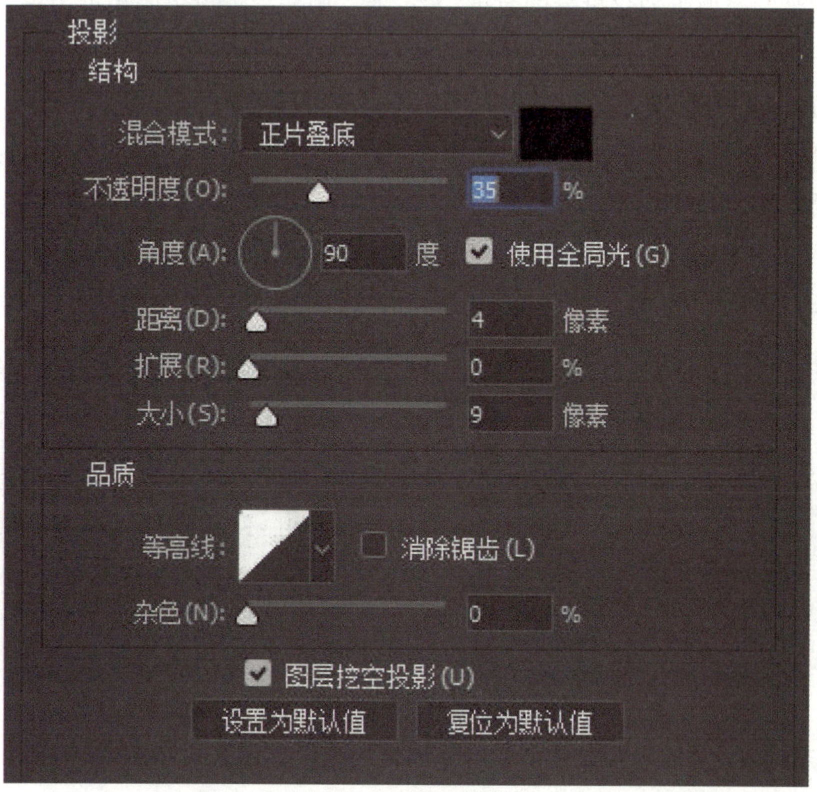

图6.4　投影面板

（1）混合模式：用来设置投影与下面图层的混合方式，默认为“正片叠底”模式。

（2）投影颜色：单击“混合模式”选项右侧的颜色块，可在打开的“拾色器”中设置投影颜色。颜色建议选择接近物体所处环境的深色。

（3）不透明度：拖动滑块或输入数值可以调整投影的不透明度，该值越低，投影越淡。

（4）角度：用来设置投影应用于图层时的光照角度，可在文本框中输入数值，也可以拖动圆形内的指针来进行调整。指针指向的方向为光源的方向，相反方向为投影方的方向，图6.5、图6.6所示为设置不同角度创建的投影效果。

图6.5

图6.6

（5）使用全局光：可保持同一个设计文档中所有运用了投影效果的图层中所有光照的角度一致。取消勾选时可以为不同的图层样式分别设置光照角度。

（6）距离：用来设置投影偏移图层内容的距离，该值越高，投影离图像越远。也可以将光标放在文档窗口，单击并拖动鼠标直接调整投影的距离和角度。

（7）大小/扩展：“大小”用来设置投影的模糊范围，该值越高，模糊范围越广，该值越小，投影越清晰，类似于羽化投影的效果。“扩展”用来设置投影的扩展范围，该值会受到“大小”选项的影响，建议二者相互配合使用。

（8）等高线：系统提供了12种预设，使用等高线可以控制投影的形状。

（9）消除锯齿：混合等高线边缘的像素，使投影更加平滑。该选项对于尺寸小且具有复杂等高线的投影最有用。

（10）杂色：可在投影中添加杂色，使投影具有颗粒质感。该值较高时，投影会变为点状，如图6.7、图6.8所示。

图6.7

图6.8

（11）用图层挖空投影：控制半透明图层中投影的可见性。选择该项后，如果当前图层的填充不透明度小于100%，则半透明图层中的投影不可见。

6.2.2 内阴影

“内阴影”效果可以在紧靠图层内容的边缘内添加阴影，使图层内产生凹陷或突出效果。

“内阴影”与“投影”的选项设置方式基本相同。它们的不同之处在于：“投影”是通过“扩展”选项来控制投影边缘的渐变程度；而“内阴影”则通过“阻塞”选项来控制。“阻塞”可以在模糊之前收缩内阴影的边界。“阻塞”与“大小”选项相关联，“大小”值越高，可设置的“阻塞”范围也就越大，如图6.9、图6.10所示。

图6.9　投影效果

图6.10　内阴影效果

6.2.3 外发光和内发光

1. 外发光

“外发光”效果可以沿图层内容的边缘向外创建发光效果。打开图层样式对话框，选中外发光这个选项，对话框中的混合模式和不透明度，还有杂色、扩展、大小用法参考前面的投影，如图6.11所示。

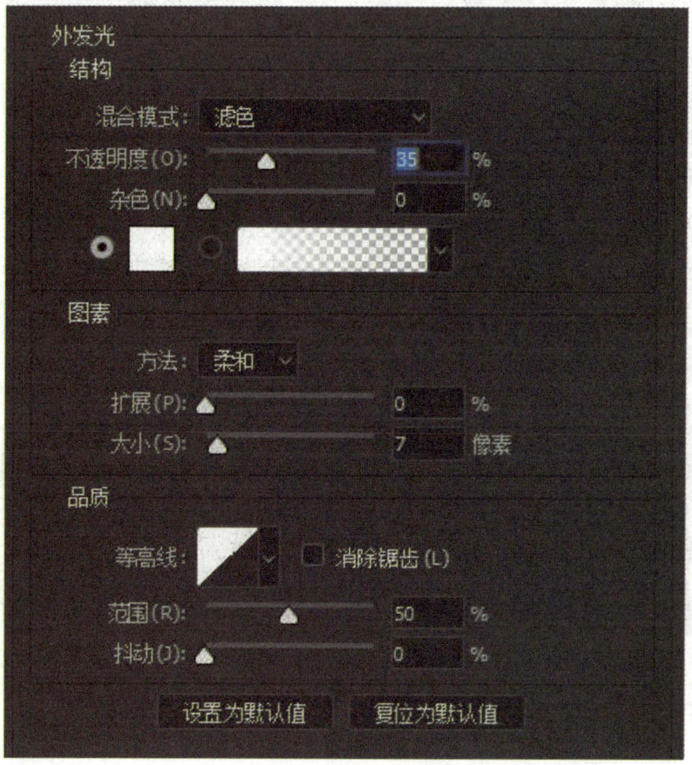

图6.11　外发光面板

（1）发光颜色：“杂色”选项下面的颜色块和颜色条用来设置发光颜色。如果要创建单色发光，可单击左侧的颜色块，在打开的“拾色器”中设置发光颜色，如图6.12所示；如果要创建渐变发光，可单击右侧的渐变条，在打开的“渐变编辑器”中设置渐变颜色，如图6.13所示。

图6.12　单色外发光效果

图6.13　渐变外发光效果

（2）方法：用来设置发光的方法，以控制发光的准确度。选择“柔和”，可以对发光应用模糊，得到柔和的边缘；选择“精确”，则得到精确的边缘。

2. 内发光

“内发光”操作方法同“外发光”一样，可以向图层内容添加内边缘发光的效果，如图6.14所示。

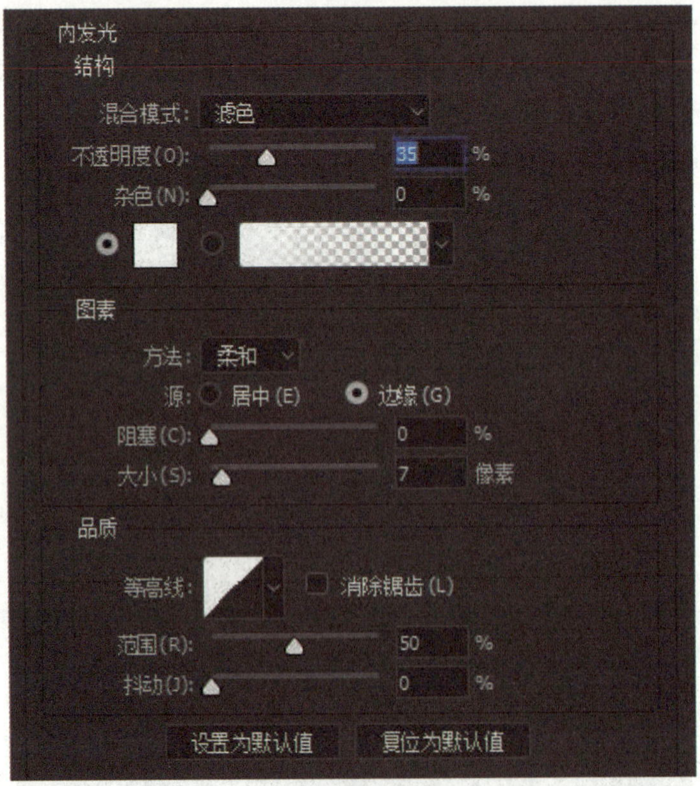

图6.14　内发光面板

6.2.4　斜面和浮雕

使用“斜面和浮雕”命令可对图层添加高光与暗调的各种效果，如图6.15所示。

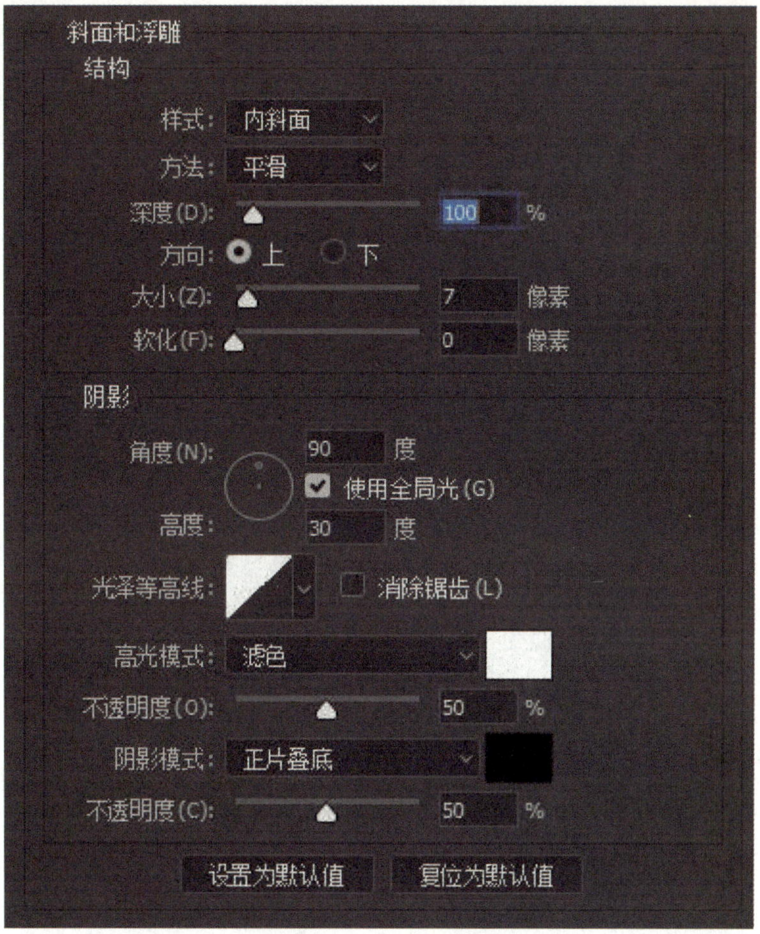

图6.15　斜面和浮雕面板

（1）样式：包括了5种浮雕效果，外斜面、内斜面、浮雕效果、枕状浮雕、描边浮雕。

（2）方法：用来选择一种创建浮雕的方法，有平滑、雕刻清晰、雕刻柔和。

（3）深度：用来设置浮雕斜面的应用深度，该值越高，浮雕的立体感越强。

（4）方向：定义光源角度后，可通过该项设置高光和阴影的位置。

（5）大小：用来设置斜面和浮雕中阴影面积的大小。

（6）软化：用来设置斜面和浮雕的柔和程度，该值越高，效果越柔和，视觉效果越自然。

（7）角度：用来设置光源的照射角度。

（8）高度：用来设置光源的高度。

分别使用斜面和浮雕调整了图像的深度、大小的效果图，如图6.16、图6.17、图6.18所示。

图6.16

图6.17

图6.18

6.2.5 光泽

使用“光泽”命令可得到不同的光泽效果，如图6.19所示。里面相应的属性结合前面的知识点进行理解。

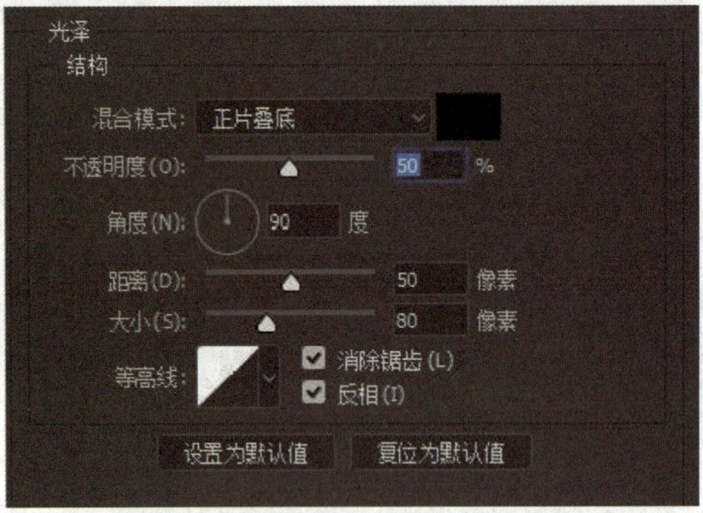

图6.19　光泽面板

使用光泽前和使用光泽后的效果对比，如图6.20、图6.21所示。

图6.20　使用光泽前

图6.21　使用光泽后

6.2.6 颜色叠加

此图层样式的功能非常简单，它只能为当前图层中的图像叠加另外一种颜色，其参数非常简单，一个是控制颜色的混合模式，一个是控制颜色的透明度。需要注意的是，在使用颜色叠加之前图层必须得先有填充色或者图像，不能只是选区。

6.2.7 渐变叠加

使用“渐变叠加”可为图像叠加渐变效果。原理同颜色叠加一样，只是这里可以同时叠加多种颜色。具体参数结合前面的渐变工具进行理解，如图6.22所示。

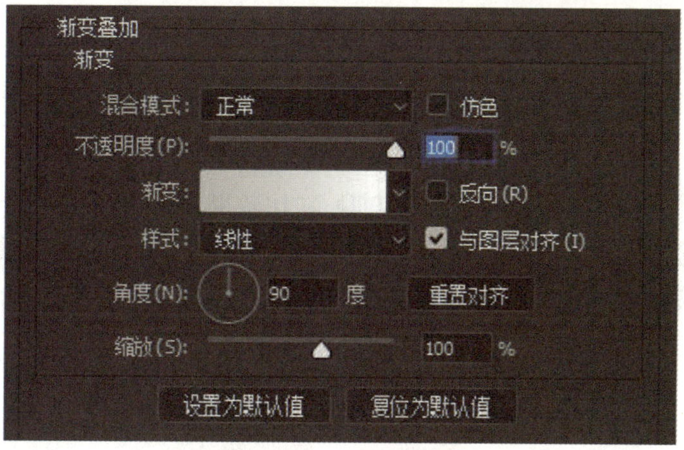

图 6.22　渐变叠加面板

6.2.8　图案叠加

跟前面的“颜色叠加”“渐变叠加”一样，如图 6.23 所示。唯一不同的是，前两个是颜色的叠加；图案叠加用的是将颜色填充转换为图案填充，使用图案叠加前后效果如图 6.24、图 6.25 所示。

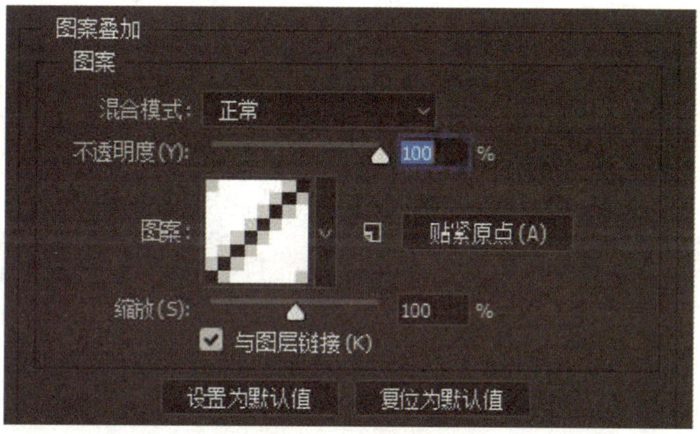

图 6.23　图案叠加面板

（1）不透明度：控制图案的显示程度。

（2）图案：可在里面选择自己需要的图案，包括软件自带的图案效果，也可自定义图案进行叠加使用。

（3）缩放：控制图案的大小。

图 6.24　使用图案叠加前

图 6.25　使用图案叠加后

注意：当同时使用颜色叠加、渐变叠加、图案叠加的时候，系统默认显示位置居于上方的效果。即显示顺序为颜色叠加 → 渐变叠加 → 图案叠加。

6.2.9　描边

使用“描边”命令，可以得到在图像的周围描绘纯色或渐变线条的效果。在进行描边的时候可以有“颜色”“渐变”“图案”描边三种模式。同时可以调整描边的大小、位置、不透明度、混合模式等。给文字图层添加描边的前后对比效果，如图6.26～图6.31所示。

图6.26　使用描边前

图6.27　使用颜色描边后

图6.28　使用描边前

图6.29　使用渐变描边后

图6.30　使用描边前

图6.31　使用图案描边后

6.3　混合模式

在Photoshop中，混合模式分为工具的混合模式和图层的混合模式，在工具箱中选择“画笔工具”“渐变工具”“图案图章工具”“涂抹工具”等工具后，在其相应的属性栏中都能设置其混合模式，在“图层”面板中除背景图层外的其他图层都能设置其混合模式。这两者之间没有本质的不同，在此以“图层”面板中的混合模式来讲解其功能与用法。

按照功能划分为六种类型，如图6.32所示。

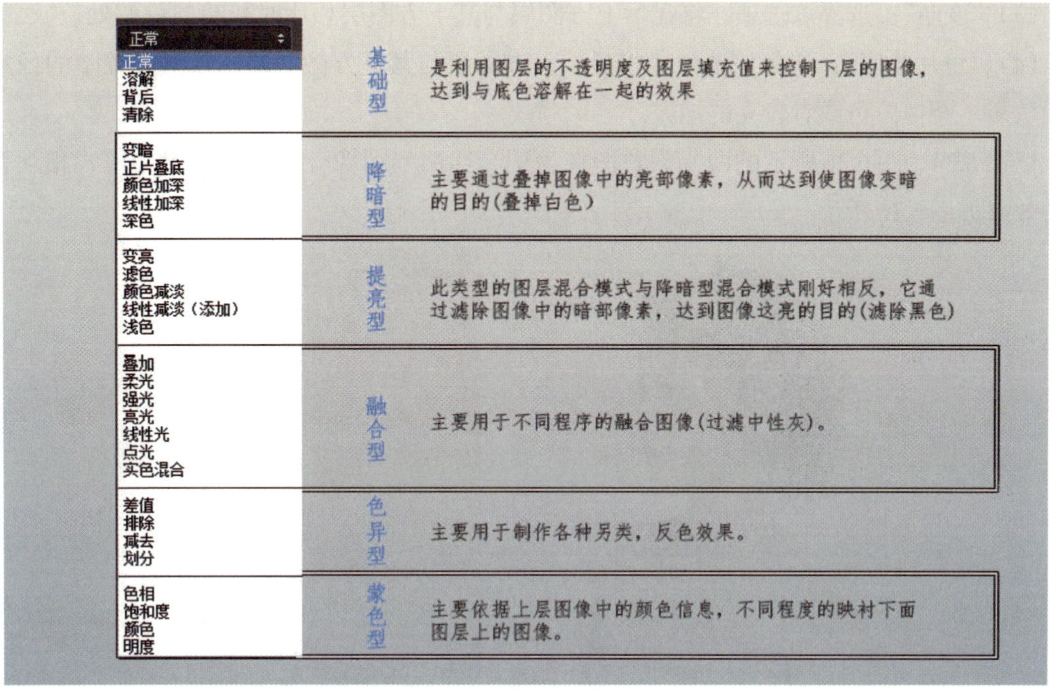

图6.32　图层混合模式类型

在当前操作图层中，单击“图层”面板中“正常”右侧的三角按钮口，将弹出如图6.33所示的混合模式下拉列表，在此选择不同的选项，即可得到不同的混合效果。要注意的是图层混合模式一般是作用于两个图层之间的。

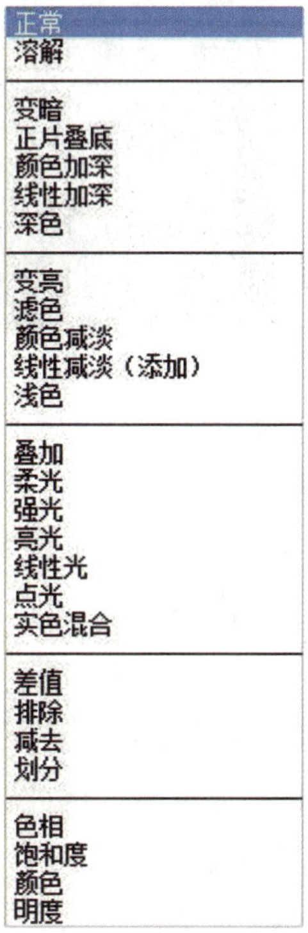

图6.33　图层混合模式下拉列表

（1）“正常”：选择该选项，上方的图层完全遮盖下方的图层。此效果和图层的不透明度有关系。

（2）“溶解”：选择该选项，将创建像素点状效果与图层的不透明度和填充有关系。

（3）“变暗”：选择该选项，将显示上方图层与其下方图层相比时较暗的色调处。

（4）“正片叠底”：选择该选项，将显示上方图层与其下方图层的像素值中较暗的像素合成的效果。叠掉白色或者较亮的地方。

以图6.34、图6.35所示的两幅素材图像为例，当两幅图像分别以上述混合模式相互叠加时的效果如图6.36所示。

图6.34　素材1

图6.35　素材2

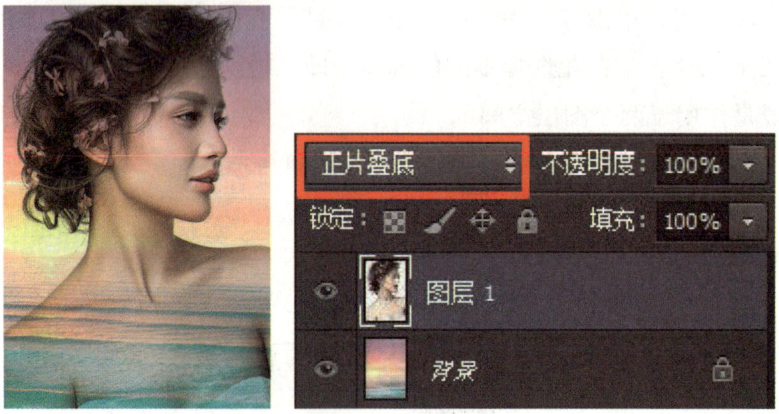

图6.36　效果图

（5）“颜色加深”：选择该选项，将创建非常暗的阴影效果。

（6）“线性加深”：选择该选项，将对比查看上、下两个图层的每一个颜色通道的颜色信息，加暗所有通道的基色，并通过提高其他颜色的亮度来反映混合颜色。

（7）“深色”：选择该选项，可以依据图像的饱和度，用当前图层中的颜色直接覆盖下方图层中的暗调区域颜色。

（8）“变亮”：选择该选项，则以较亮的像素代替下方图层中与之相对应的较暗的像素，且下方图层中的较亮区域代替画笔中的较暗区域，因此叠加后整体图像呈亮色调。

（9）“滤色”：选择该选项，在整体效果上显示由上方图层及下方图层的像素值中较亮的像素合成的图像效果。滤除黑色或较暗的地方。

以图6.37、图6.38所示的两幅素材图像为例，当两幅图像分别以上述混合模式相互叠加时的效果如图6.39所示。

图6.37　素材1

图6.38　素材2

图6.39　效果图

（10）“颜色减淡”：选择该选项，可以生成非常亮的合成效果，其原理是将上方图层的像素值与下方图层的像素值采取一定的算法相加，此模式通常被用于创建极亮的效果。

（11）“线性减淡（添加）”：选择该选项，可查看每一个颜色通道的颜色信息，加亮所有通道的基色，并通过降低其他颜色的亮度来反映混合颜色，此模式对黑色无效。

（12）“浅色”：该选项与“深色”模式刚好相反，选择此模式，可以依据图像的饱和度，用当前图层中的颜色直接覆盖下方图层中的高光区域颜色。

（13）“叠加”：选择该选项，图像最终的效果取决于下方图层，但上方图层的明暗对比效果也将直接影响到整体效果，叠加后下方图层的亮度区与阴影区仍被保留。

（14）“柔光”：选择该选项，可使颜色变亮或变暗，具体效果取决于上、下两个图层的像素的亮度值。如果上方图层的像素比50%灰色亮，则图像变亮，反之则图像变暗。

以图6.40、图6.41所示的两幅素材图像为例，当两幅图像分别以上述混合模式相互叠加时的效果如图6.42所示。

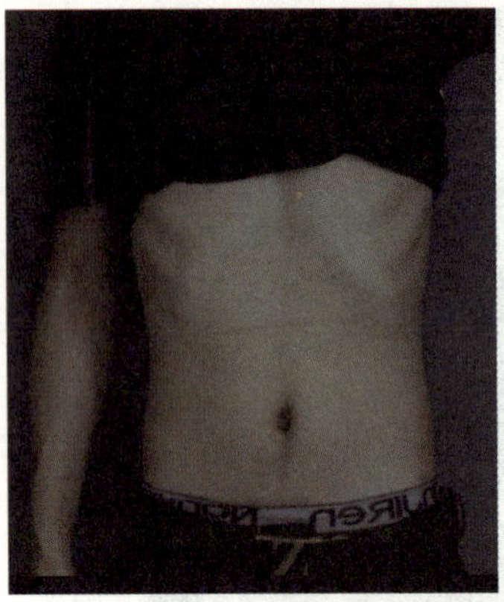

图6.40　素材1

图6.41　素材2

图6.42　效果图

（15）“强光”：该模式的叠加效果与“柔光”类似，但其加亮与变暗的程度较“柔光”模式更大。

（16）“亮光”：选择该选项，如果混合色比50%灰度亮，就通过降低对比度来加亮图像，反之通过提高对比度来使图像变暗。

（17）“线性光”：选择该选项，如果混合色比50%灰度亮，就通过提高对比度来加亮图像，反之通过降低对比度来使图像变暗。

（18）“点光”：该选项通过置换颜色像素来混合图像，如果混合色比50%灰度亮，则比原图像暗的像素会被置换，而比原图像亮的像素无变化；反之，比原图像亮的像素会被置换，而比原图像暗的像素无变化。

（19）“实色混合”：选择该选项，将会根据上、下图层中图像的颜色分布情况取两者的中间值对图像中相交的部分进行填充，利用该混合模式可制作出强对比度的色块效果。

（20）“差值”：选择该选项，可从上方图层中减去下方图层相应处像素的颜色值，此模式通常使图像变暗并取得反相效果。

（21）“排除”：选择该选项，可创建一种与差值模式相似但对比度较低的效果。

（22）“减去”：选择该选项，可以使用上方图层中亮调的图像隐藏下方的内容。

（23）“划分”：选择该选项，可以在上方图层中加上下方图层相应处像素的颜色值，通常用于使图像变亮。

（24）“色相”：选择该选项，最终图像的像素值将由下方图层的亮度与饱和度值以及上方图层的色相值构成。

（25）“饱和度”：选择该选项，最终图像的像素值将由下方图层的亮度和色相值以及上方图层的饱和度值构成。

（26）“颜色”：选择该选项，最终图像的像素值将由下方图层的亮度及上方图层的色相和饱和度值构成。

（27）“明度”：选择该选项，最终图像的像素值将由下方图层的色相和饱和度值以及上方图层的亮度构成。

以如图6.43、图6.44所示的两幅素材图像为例，当两幅图像分别以上述混合模式相互叠加时的效果如图6.45所示。

图6.43　素材1

图6.44　素材2

图6.45　效果图

总结

本章对图层样式、混合模式进行了讲解与应用。图层在Photoshop中是非常重要的一个功能，通过它可以制作出许多优美而生动的作品。仅仅掌握它们是不够的，必须将它们融会贯通，做到在创作与设计时能够灵活调用。

作业

1. 新建一个文件，白色背景，制作五环相套的效果，如图6.46所示。

图6.46　五环

2. 新建一个文件，灰白色的渐变背景，制作五角星效果，如图6.47所示。

图6.47　星星

3. 新建一个文件，灰白色的渐变背景，制作五角星效果，如图6.48所示。

图6.48　绘制效果

扩展练习

运用所学知识制作一个开关按钮，如图6.49所示。

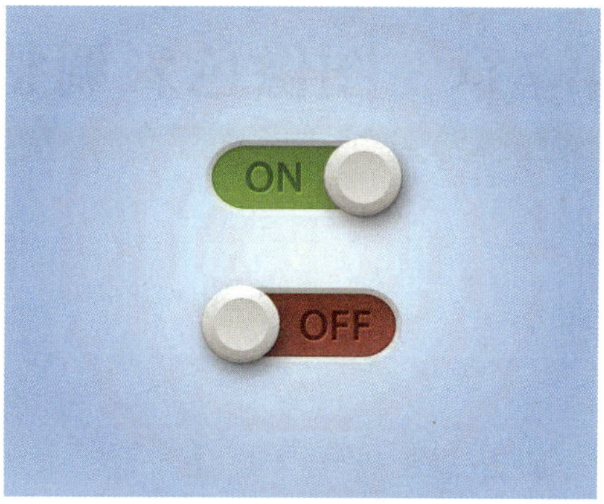

图6.49　效果图

第7章　图像色彩调整

学习目标

了解图像调整命令

色阶、曲线、色相/饱和度等

能够运用所学知识调整图像色彩

预习任务

1. 将下方蓝色背景原图的证件照换成红色背景效果图。

原图

效果图

2. 将原图处理为效果图的样子。

原图

效果图

在一张图像中，色彩不止是真实记录下物体，还能够带给我们不同的心理感受，创造性地使用色彩，可以营造各种独特的氛围和意境，使图像更具有表现力。Photoshop提供了大量色彩和色调调整工具，可用于处理图像和数码照片。

7.1 图像的编辑

7.1.1 色阶命令

快捷键：Ctrl+L

“图像→调整”菜单命令是一个功能非常强大的调整命令，使用此命令可以对图像的色调、亮度进行调整。选择“图像→调整→色阶”菜单命令或者直接按Ctrl+L快捷键，将弹出如图7.1所示的“色阶”对话框，图片处理前后对比效果如图7.2和图7.3所示。

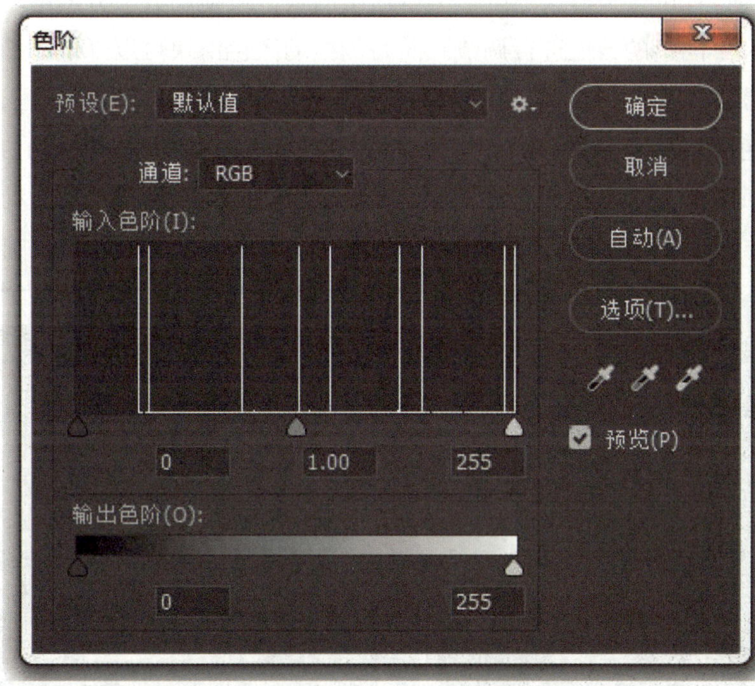

图7.1 “色阶”对话框

图7.2 处理前

图7.3 处理后

调整图像色阶的方法如下：

（1）在“通道”下拉列表框中选择要调整的通道，如果选择RGB或CMYK，则对整幅图像进行调整。

（2）要增加图像对比度则拖动“输入色阶”区域的滑块，其中向左侧拖动白色滑块可使图像变亮，向右侧拖动黑色滑块可以使图像变暗。

（3）拖动“输出色阶”区域的滑块可以改变图像的对比度，将白色滑块向左侧拖动可使图像变暗，将黑色滑块向右侧拖动可使图像变亮。

（4）在拖动滑块的过程中仔细观察图像的变化，得到满意的效果后，单击“确定”按钮即可。

下面详细介绍各参数及命令的使用方法：

（1）“通道”：在下拉列表框中可以选择一个通道，从而使色阶调整工作基于该通道进行，此处显示的通道名称依据图像颜色模式而定，RGB模式下显示红、绿、蓝，CMYK模式下显示青色、洋红、黄色、黑色。

（2）“输入色阶”：设置“输入色阶”文本框中的数值或拖动其下方的滑块，可以对图像的暗色、高亮色和中间色的数值进行调节。向右侧拖动黑色滑块可以降低图像的亮度，使图像整体发暗，范围是0～253。如图7.4所示为原图像及对应的“色阶”对话框，如图7.5所示为向右侧拖动黑色滑块后的图像效果及对应的“色阶”对话框。向左侧拖动白色滑块，可提高图像的亮度，使图像整体发亮，范围是2～255。如图7.6所示为向左侧拖动白色滑块后的图像效果及对应的色阶对话框。对话框中的灰色滑块代表图像的中间色调，范围是0.01～9.99。

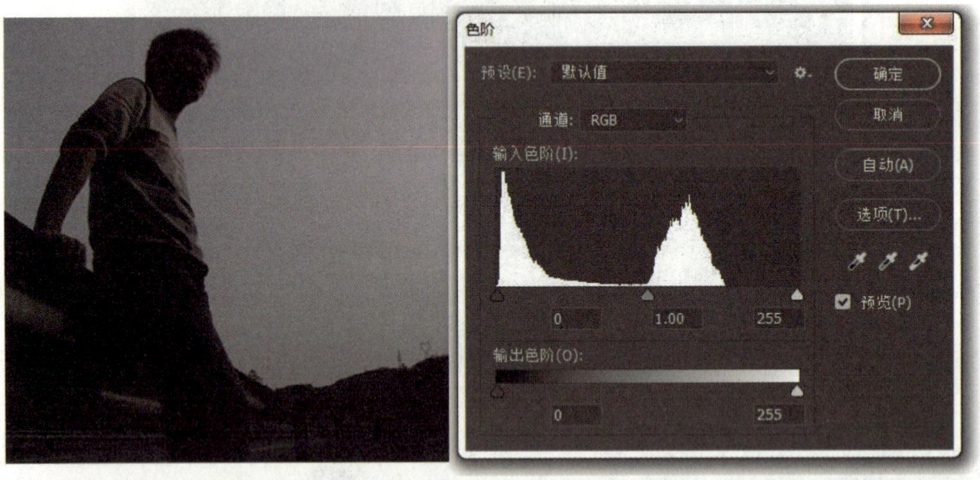

图7.4　原图及“色阶”对话框

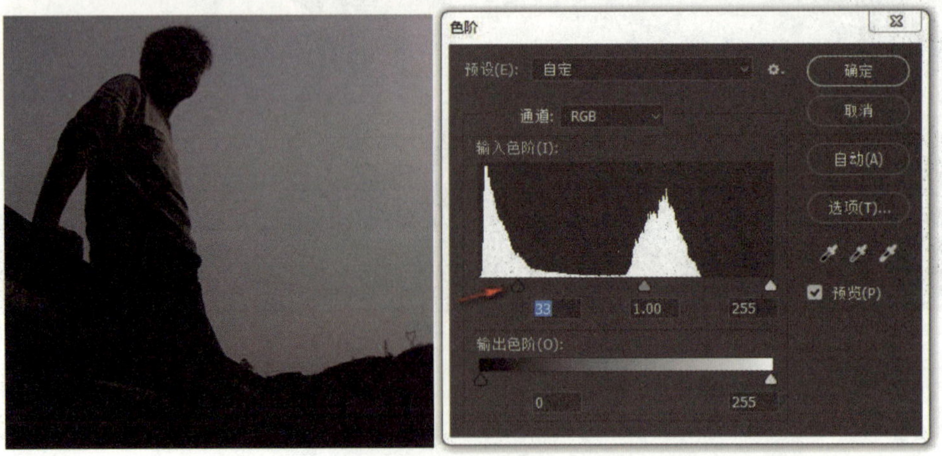

图7.5　向右侧拖动黑色滑块后的图像效果及“色阶”对话框

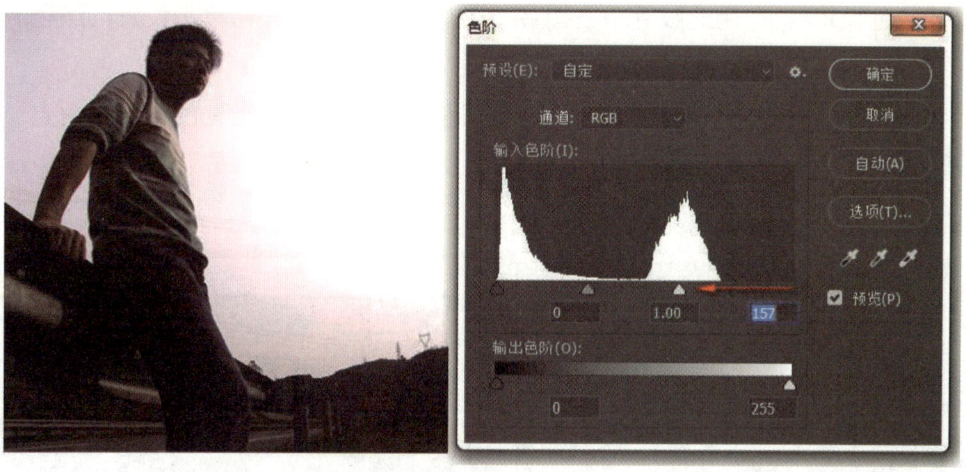

图7.6　向左侧拖动白色滑块后的图像效果及“色阶”对话框

（3）“输出色阶”：设置“输出色阶”文本框中的数值或拖动其下方的滑块，可以减少图像的白色与黑色，从而降低图像的对比度。向右拖动黑色滑块可以减少图像中的暗色调从而变亮图像；向左拖动白色滑块可以减少图像中的高亮色，从而变暗图像。

（4）“黑色吸管”：使用该吸管在图像中单击，将定义单击处的像素为黑点，并重新分布图像的像素，使图像变暗。如图7.7所示为黑色吸管单击处，如图7.8所示为单击后的效果，可以看出整体图像变暗。

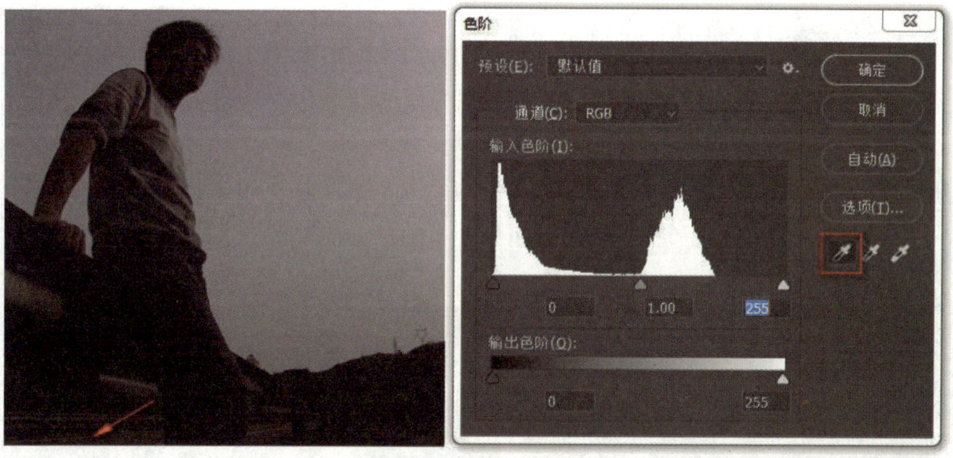

图7.7　黑色吸管点击处

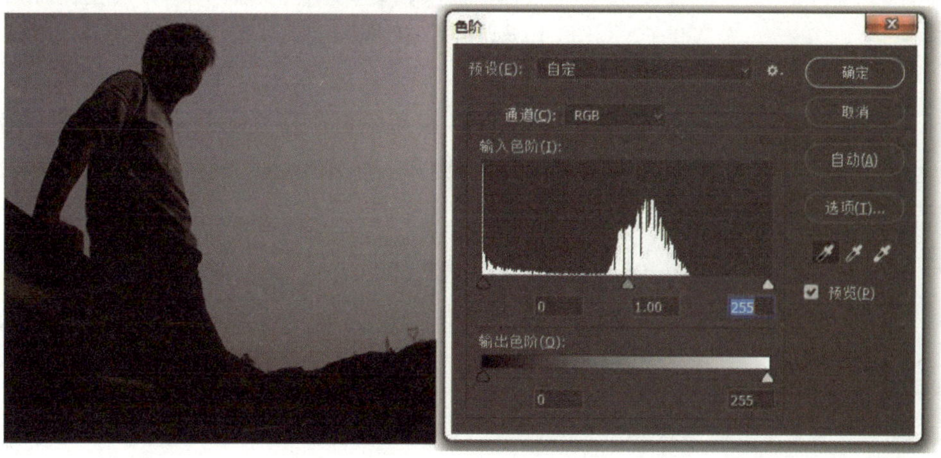

图7.8　点击后的效果

（5）“灰色吸管”：使用此吸管单击图像，可以从图像中减去此单击位置的颜色，从而校正图像的色偏。

（6）“白色吸管”：与黑色吸管相反，将定义使用白色吸管单击处的像素为白点，并重新分布图像的像素值，从而使图像变亮。如图7.9所示为白色吸管单击处，如图7.10所示为单击后的效果，可以看出整体图像变亮。

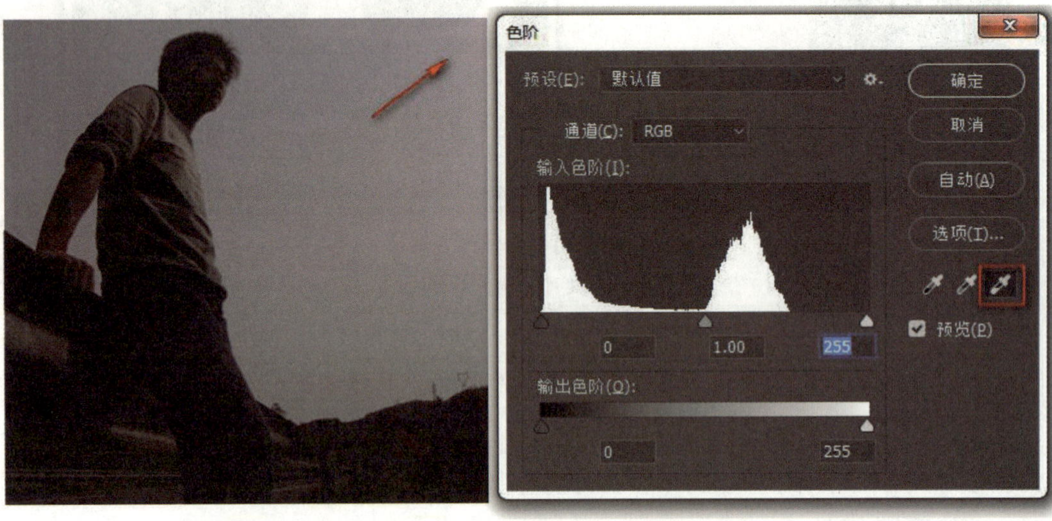

图7.9　白色吸管点击处

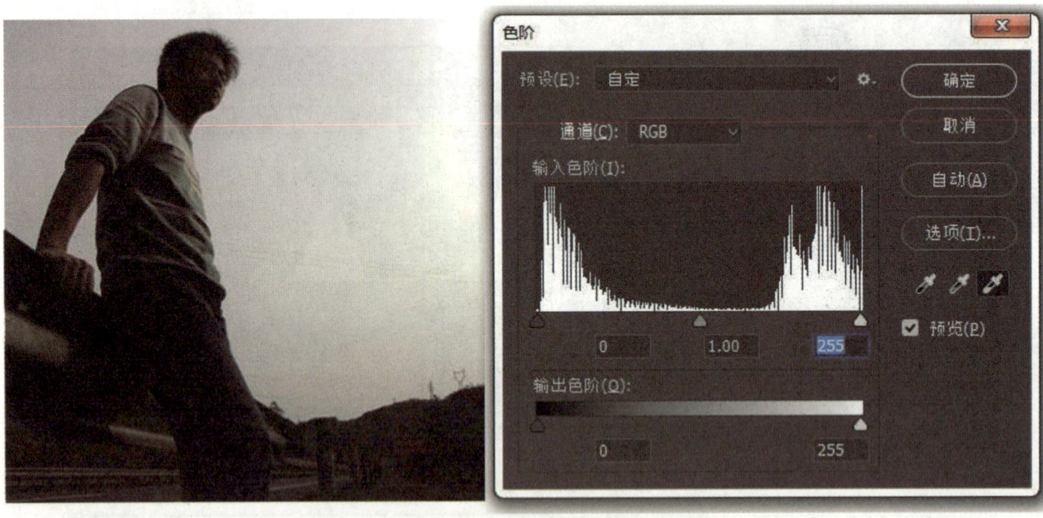

图7.10　点击后的效果

（7）单击“预设选项”按钮，在弹出的下拉菜单中选择“存储预设→载入预设”选项，打开“存储→载入”对话框，单击“存储”按钮，可以将当前对话框的设置保存为一个“*.alv”文件，在以后的工作中遇到需要进行同样设置的图像，可单击“载入”按钮，调出该文件，以自动使用该设置。

（8）“自动”：单击该按钮，Photoshop可根据当前图像的明暗程度自动调整图像。

（9）“选项”：单击该按钮，弹出“自动颜色校正选项”对话框，设置各项参数，单击“确定”按钮可以自动校正颜色，如图7.11所示。

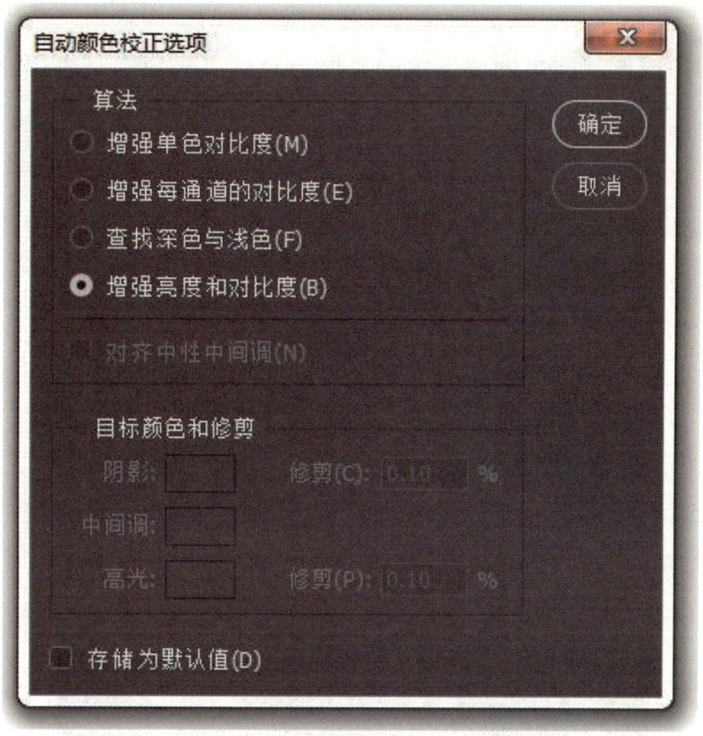

图7.11　“自动颜色校正”对话框

7.1.2　曲线命令

快捷键：Ctrl+M

与“色阶”命令调整方法相同，使用“曲线”命令可以调整图像的色调与明暗度，但与“色阶”命令不同的是，“曲线”命令可以精确调整高光、阴影和中间调区域中任意一点的色调与明暗度。它可以调整0～255范围内的任意点，最多可同时使用15个变量。

选择“图像→调整→曲线”菜单命令或者直接按Ctrl+M快捷键，将弹出如图7.12所示的“曲线”对话框。

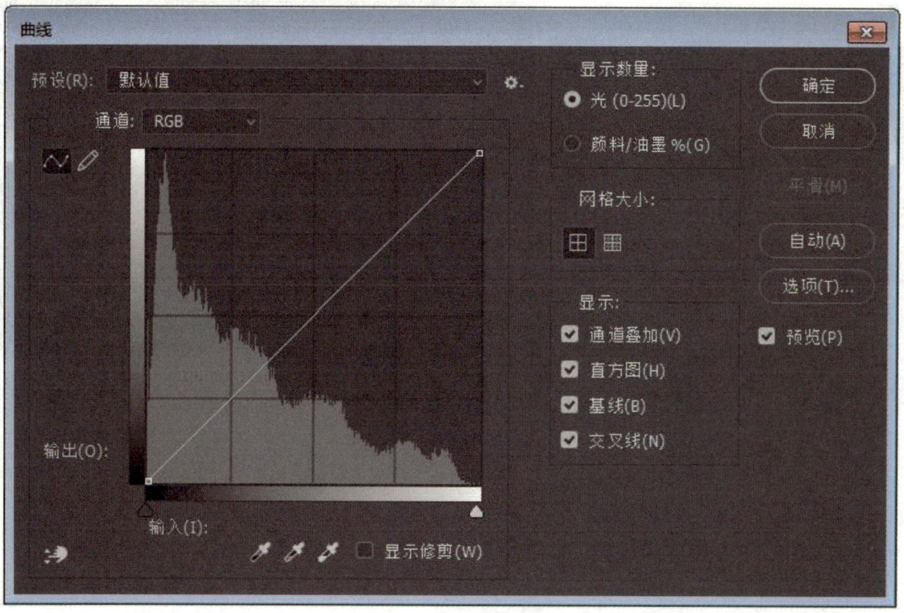

图7.12　“曲线”对话框

刚打开时，曲线是对角线，表示输入色阶等于输出色阶，即未调整。

改变网格中的曲线形状即可调整图像的亮度、对比度和色彩平衡等。曲线向上色调变亮，曲线向下色调变暗。

网格中的横坐标表示输入色调，也就是原图的色调；纵坐标表示输出色调，也就是调整后的图像色调。变化范围在0～255，网格右下角的两个工具按钮可用于绘制曲线。

调整图像曲线的方法如下：

（1）选中要调整的图片并打开曲线对话框。

（2）将鼠标指针移到网格中，当鼠标变成“+”字形状时，单击产生一个节点，该点的输入/输出值将显示在对话框左下角“输入”“输出”数值框中，最多可在网格中增加14个节点。要删除节点，将其拖移到网格框以外即可。

（3）当鼠标指针移到节点上变成带箭头的“+”字形状时，按下鼠标左键并拖动节点，即可改变节点的位置，从而改变曲线的形状，当曲线向左上角弯曲时，表示输出大于输入，则图像色调变亮，向右下角弯曲，则图像变暗，如图7.13、图7.14、图7.15所示。

图7.13　原图

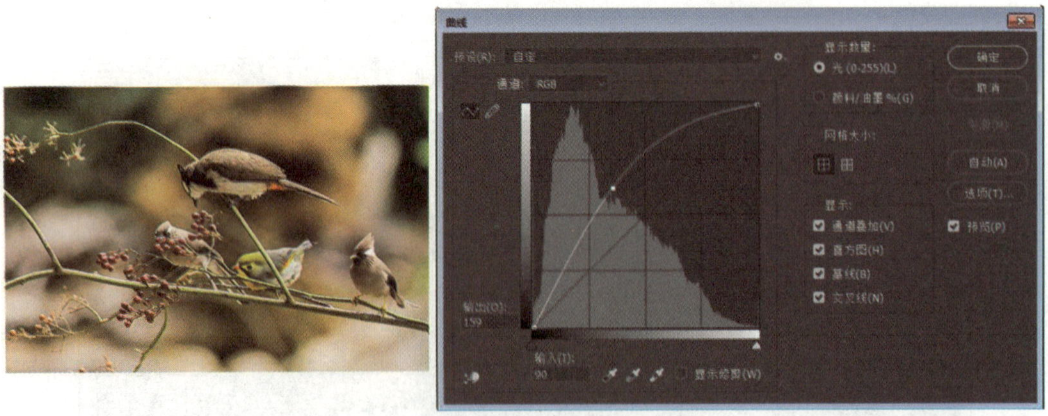

图7.14　变亮效果

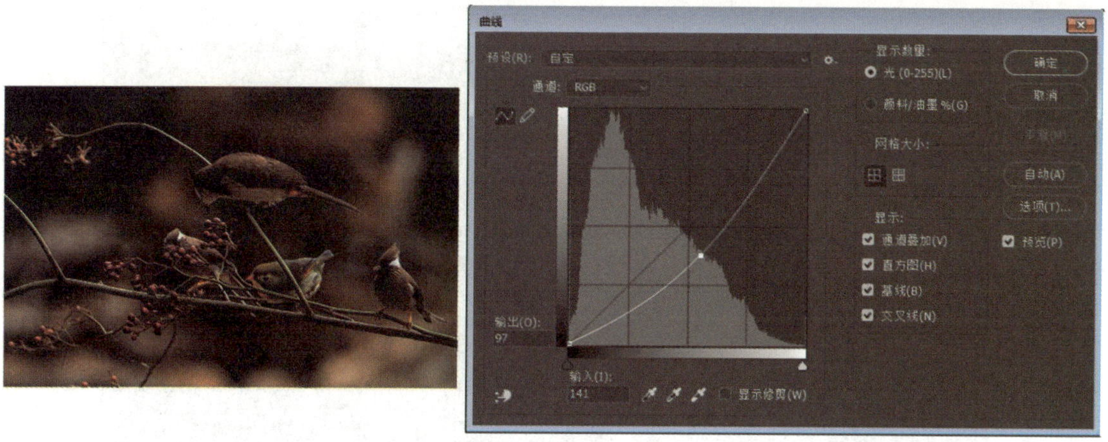

图7.15　变暗效果

刚才我们的调整都是将整个图像的像素一起调整的，让整体一起变亮或者变暗。那是因为我们在调整的时候在面板中选择的通道是RGB模式，这里也可以对它们的单色通道R、G、B进行调整（R表示红色G表示绿色B表示蓝色）。比如选中红色通道，曲线向左上角弯曲时，表示添加红色信息；曲线向右下角弯曲时，表示减少红色信息。蓝色通道和绿色通道同理可得。熟练的掌握单色通道的调整更能做出好的效果，如图7.16、图7.17所示。

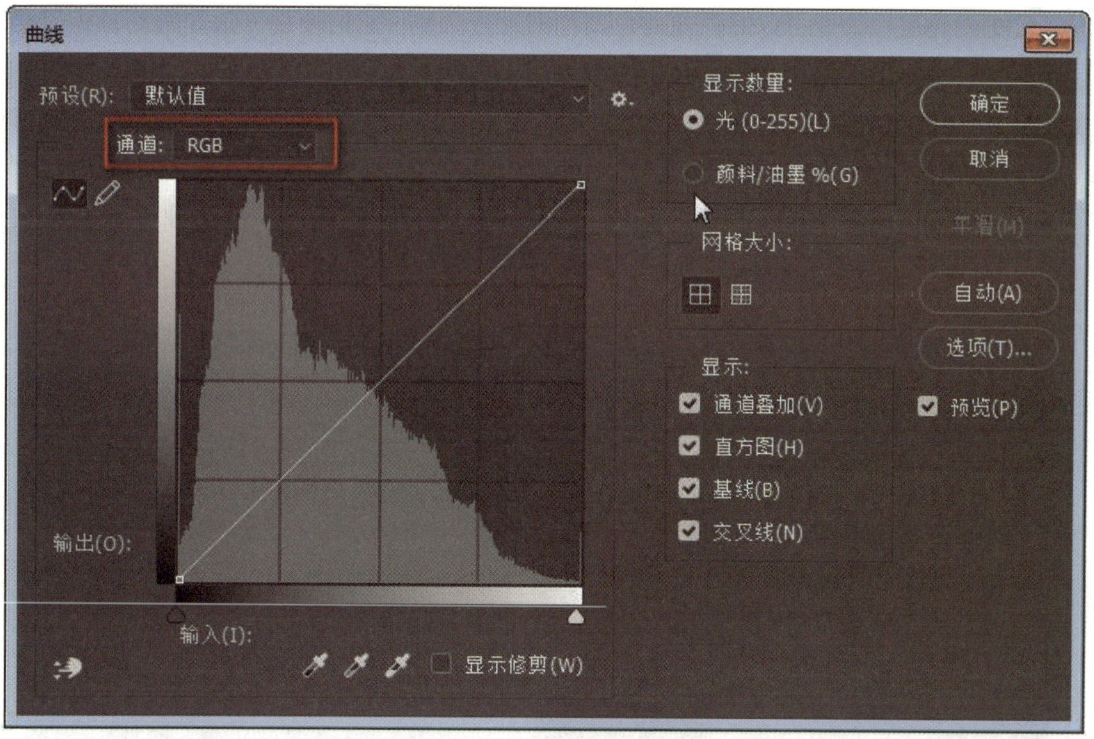

图7.16　“曲线”面板混合通道

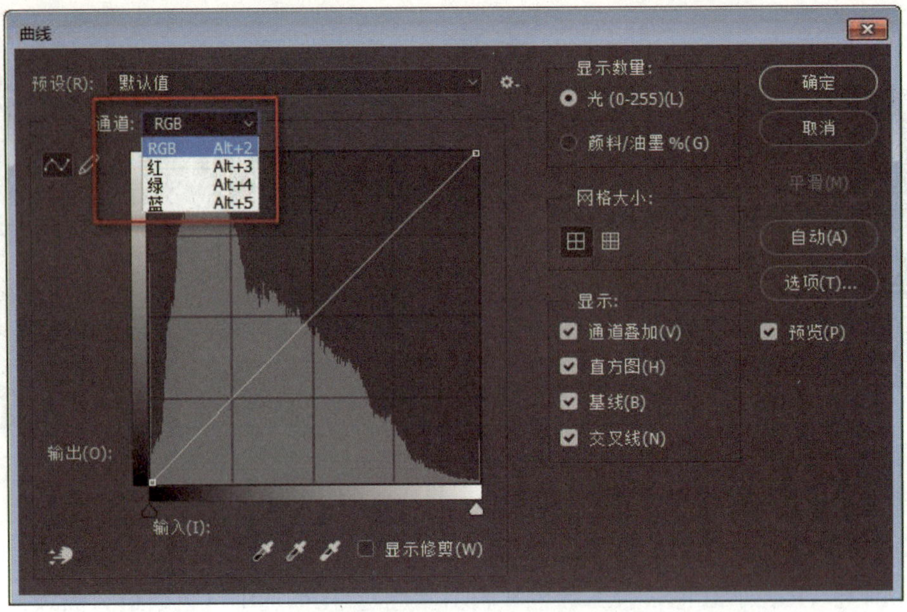

图 7.17 “曲线”面板单色通道

7.1.3 亮度/对比度

“亮度/对比度”命令可以对图像的色调范围进行调整。它的使用方法非常简单，直接打开一张照片，执行“图像→调整→亮度/对比度”菜单命令，将弹出如图 7.18 所示的“亮度/对比度”对话框。向左拖动滑块可降低亮度和对比度，如图 7.19 所示；向右滑动滑块可增加亮度和对比度，如图 7.20 所示。勾选“使用旧版”选项，可以得到与 Photoshop CS3 以前的版本相同的调整结果（即进行线性调整），旧版对比度更强，但图像细节也丢失得更多。

图 7.18 “亮度/对比度”对话框

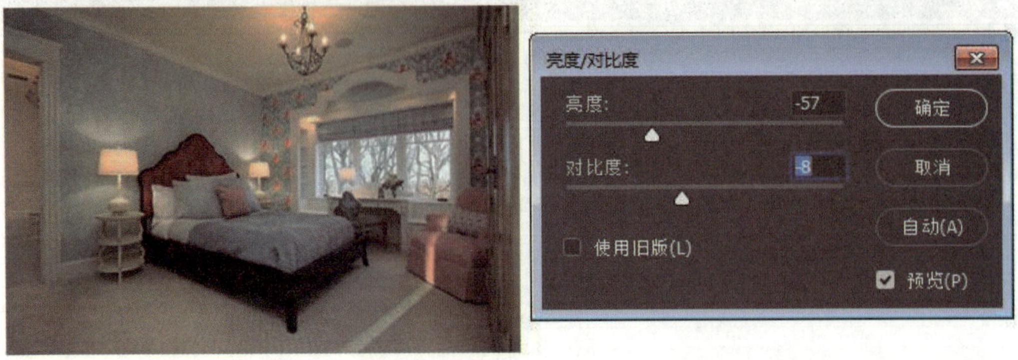

图 7.19 “亮度/对比度”对话框

图 7.20 “亮度/对比度”对话框

“亮度/对比度”命令没有“色阶”和“曲线”的可控性强，调整时有可能丢失图像细节。对于高端输出，最好使用“色阶”和“曲线”来调整。

7.1.4 色相/饱和度

快捷键：Ctrl+U

使用“色相/饱和度”命令不仅可以对一幅图像进行“色相”“饱和度”和“明度”的调节，还可以调整图像中特定颜色成分的色相、饱和度和亮度，还可以通过“着色”选项将整个图像变为单色。

选择“图像→调整→色相/饱和度”菜单命令或者按Ctrl+U快捷键，弹出如图7.21所示的“色相/饱和度”对话框。

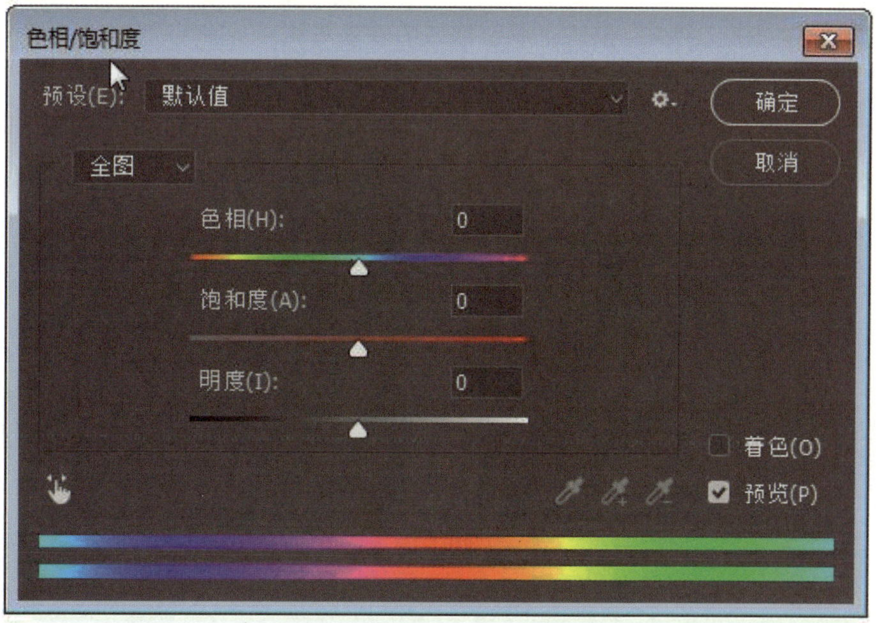

图 7.21 “色相/饱和度”对话框

对话框中各参数如下：

（1）“全图”：单击此选项后的下拉按钮，可以在弹出的下拉列表框中选择要调整的颜色范围。

（2）“色相”“饱和度”“明度”滑块：拖曳对话框中的色相（范围：−180～+180）、饱和度（范围：−100～+100）和明度（范围：−100～+100）滑块，或在其文本框中输入数值，可以分别调整图像的色相、饱和度及明度。

（3）“吸管”：选择“吸管工具”在图像中单击，可选定一种颜色作为调整的范围。选择添加取样工具在图像中单击，可以在原有颜色变化范围上增加当前单击的颜色范围。选择从取样中减去工具在图像中单击，可以在原有颜色变化范围上减去当前单击的颜色范围。

（4）“着色”：启用此复选框可以将一幅黑白的图像着色为所选定的颜色。

如图7.22所示着色前为黑白图片，着色后为图7.23所示彩色图片。

图7.22　黑白图片

图7.23　“色相/饱和度”着色命令后的对比效果

（5）“在图像上单击并拖动可修改饱和度”按钮：在对话框中选中此工具后，在图像中单击某一种，并在图像中向左或向右拖动，可以减少或增加包含所单击像素的颜色范围的饱和度，如果在执行此操作时按住Ctrl键，则左右拖动可以改变相对应区域的色相。

如图7.24所示为在“全图”模式下调整前后的效果对比。

图7.24　“色相/饱和度”命令前后的对比效果

7.1.5　色彩平衡

对于普通的色彩校正，“色彩平衡”命令更改图像的总体颜色混合。

选择“图像→调整→色彩平衡”菜单命令或者按Ctrl+B快捷键，弹出如图7.25所示的“色彩平衡”对话框。确保在“通道”调板中选择了复合通道，只有当选中复合通道时，此命令才可用。

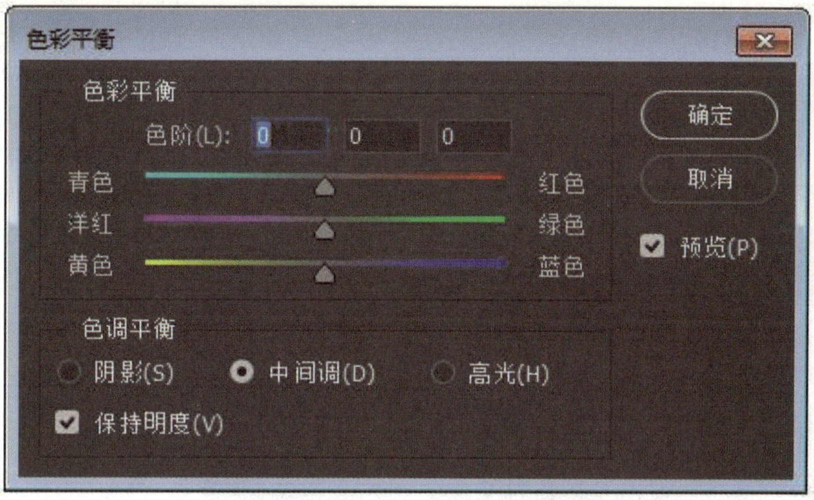

图 7.25 “色彩平衡”对话框

对话框中各参数如下：

（1）“色彩平衡”：我们可以看到如图 7.26 中所框选的三个数值框，这里的数值分别代表下面三个滑块的位移，数字的变动可通过直接改写数字或者移动滑块来实现。当滑块滑到那个颜色附近时，就表示对图像中添加那组颜色，而其对立的颜色将会从图像中减弱。

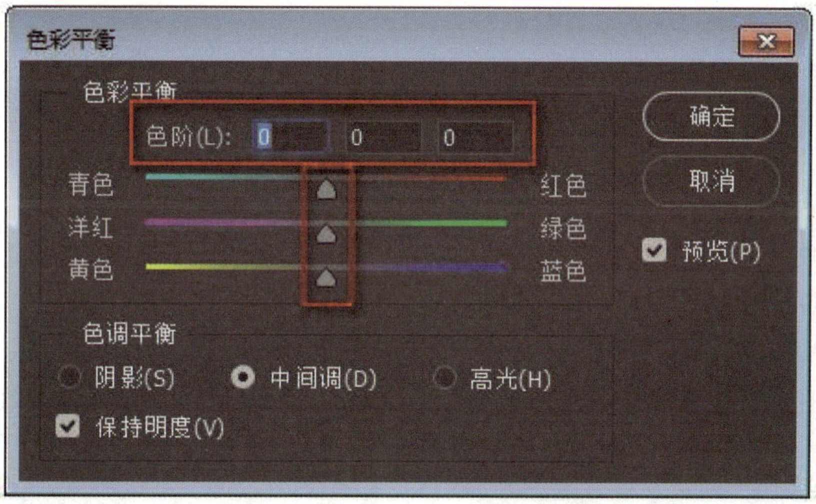

图 7.26 “色彩平衡”调整效果

（2）“色调平衡”：阴影，中间调，高光这几个选项分别代表图形中的阴影，中间调，高光，选中的不同，图像改变的效果就会不同。

（3）“保持明度”：勾选保持明度，在进行加色或者减色时图像的明度就不会改变，根据 RGB 颜色的加色原理我们可以知道，当颜色增加时明度就会上升，图像会变得更亮，颜色减少则相反。

7.1.6 照片滤镜

“图像→调整→照片滤镜”菜单命令用于模拟传统光学滤镜特效，它能够使照片呈现暖色调、冷色调及其他颜色的色调，打开一张需要调整的照片并选择此命令后，弹出如图 7.27 所示的“照片滤镜”对话框。

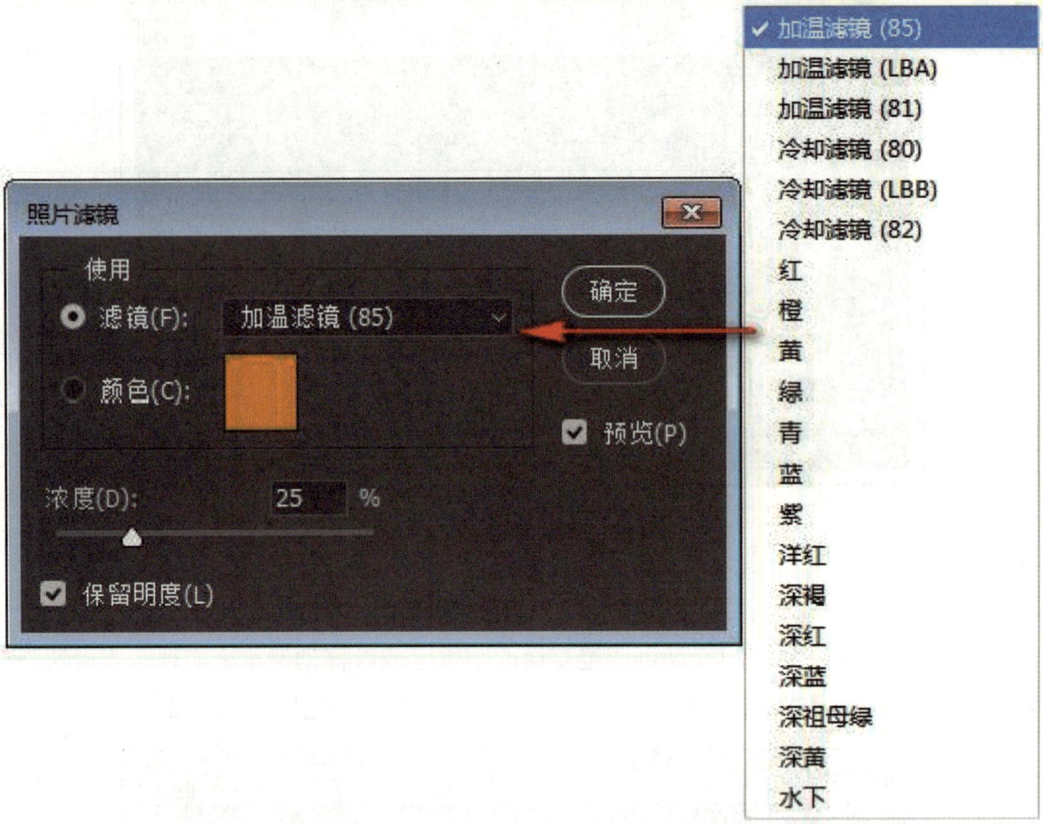

图 7.27 “照片滤镜”对话框

对话框中各参数如下：

（1）“滤镜”：在下拉列表框中选择预设的选项，对图像进行调节。

（2）“颜色”：单击该色块，并使用“拾色器”为自定义颜色滤镜指定颜色。

（3）“浓度”：拖动滑块以调整此命令应用于图像中的颜色量。

（4）“保留明度”：启用该复选框，可在调整颜色的同时保持原图像的亮度。

如图 7.28 所示为原图像。如图 7.29 所示为调整照片的色调使其出现偏暖的效果。

图 7.28 原图

图 7.29 色调偏暖效果

7.1.7 反相

“图像→调整→反相”菜单命令或者按 Ctrl+I 快捷键可以翻转图像中的颜色。在处理过程中，可以使用该命令创建边缘蒙版，以便让图像的选定区域应用锐化和其他调整。

由于彩色打印胶片的基底中包含一层橙色掩膜，因此“反相”命令不能从扫描的彩色负片中得到精确的正片图像。在扫描胶片时，一定要使用正确的彩色负片设置。

在对图像进行反相时，通道中每个像素的亮度值都会转换为256级颜色值刻度上相反的值。例如：值为255的正片图像中的像素会被转换为0，值为5的像素会被转换为250。

如图7.30所示为原图像。如图7.31所示为调整照片反相后的效果。

图7.30　原图

图7.31　色调偏暖效果

7.1.8　渐变映射

使用“图像→调整→渐变映射”菜单命令可以将指定的渐变色映射到图像的全部色阶中，从而得到一种具有彩色渐变的图像效果，此命令的“渐变映射”对话框如图7.32所示。

图7.32　“渐变映射”对话框

此命令的使用方法比较简单，只要在对话框中选择合适的渐变类型即可。如果需要反转渐变，可以启用“反向”复选框。

如图7.33所示为黑白照片应用渐变映射后得到的彩色效果。

图7.33　黑白照片及应用渐变映射命令后的效果

7.1.9　阴影/高光

“阴影/高光”命令专门用于处理在摄影中由于用光不当而出现局部过亮或过暗的照片。选择“图像→调整→阴影/高光”菜单命令，弹出如图 7.34 所示的“阴影/高光”对话框。

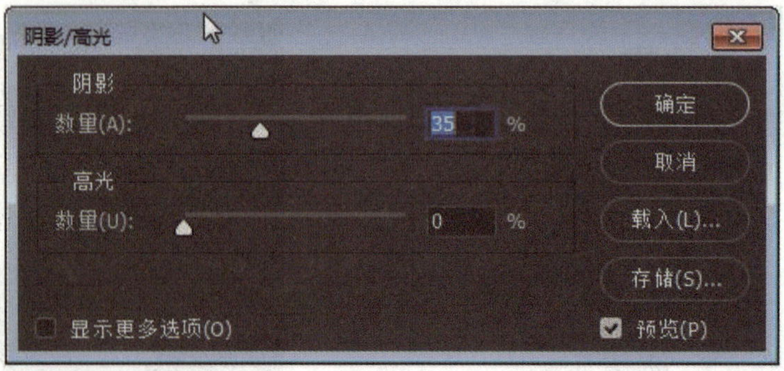

图 7.34　“阴影/高光”对话框

对话框中各参数如下：

（1）“阴影”：在此拖动“数量”滑块或在此文本框中输入相应的数值，可改变暗部区域的明亮程度，其数值越大或滑块的位置越偏向右侧，则调整后的图像的暗部区域也相应越亮。

（2）“高光”：在此拖动“数量”滑块或在此文本框中输入相应的数值，即可改变高亮区域的明亮程度，其数值越大或滑块的位置越偏向右侧，则调整后图像的高亮区域也会相应越暗。

7.1.10　阈值

“阈值”命令将灰度或彩色图像转换为高对比度的黑白图像。您可以指定某个色阶作为阈值。所有比阈值亮的像素转换为白色；而所有比阈值暗的像素转换为黑色。

如图 7.35 所示为黑白照片应用渐变映射后得到的彩色效果。

图 7.35　黑白照片及应用阈值命令后的效果

7.1.11　色调分离

使用“色调分离”命令可以按照指定的色阶数减少图像的颜色（或灰度图像中的色调），从而简化图像内容。该命令适合创建大的单调区域，或者在彩色图像中产生有趣的效果。打开一张图片，如图 7.36 所示，执行“图像→调整→色调分离”命令，打开“色调分离”对话框。如果要得到简化的图像，可以降低色阶值，如图 7.37 所示；如果要显示更多的细节，则增加色阶值，如图 7.38 所示；如果使用“高斯模糊”或“去斑”滤镜对图像进行轻微的模糊，再进行色调分离，就可以得到更少、更大的色块。

图 7.36　原图

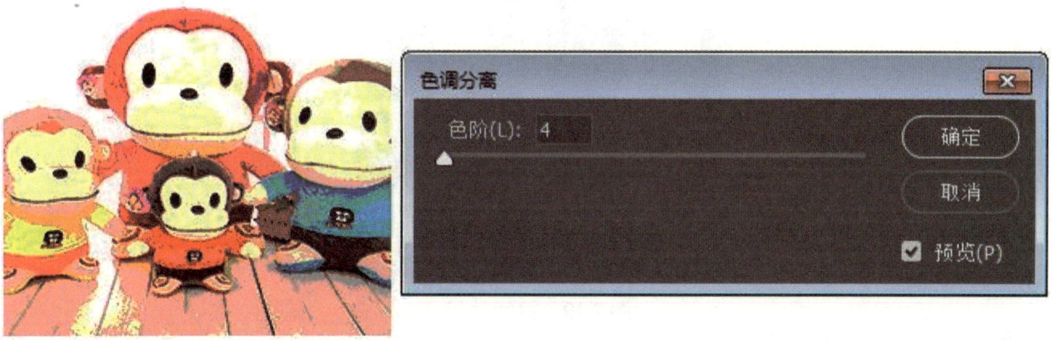

图 7.37　效果图

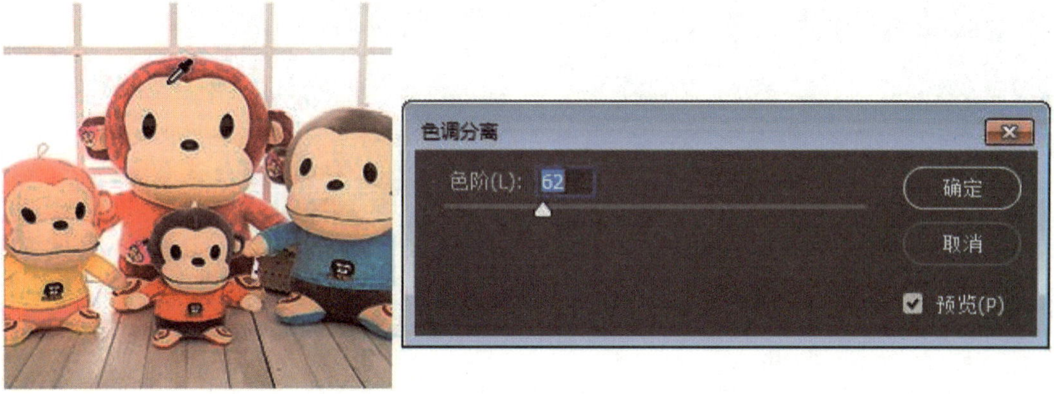

图 7.38　效果图

7.1.12　替换颜色

使用“替换颜色”命令，可以创建蒙版，以选择图像中的特定颜色，然后替换那些颜色。可以设置选定区域的色相、饱和度和亮度。或者，可以使用拾色器来选择替换颜色。由“替换颜色”命令创建的蒙版是临时性的。

总结

图像调整命令：色阶、曲线、亮度/对比度、色相/饱和度、色彩平衡、照片滤镜、反相、渐变映射、阴影/高光、阈值、色调分离、替换颜色等都是对图像色相、明度或饱和度进行调整，从而对图像可以随意进行图像颜色修改。

作业

1. 绘制出如图 7.39 所示的按钮，并用图像颜色调整中的命令调整出不同的颜色按钮来。

图 7.39　按钮效果

2. 通过哪种图像调整命令，可以将图 7.40 修改为图 7.41 的效果。

图 7.40

图 7.41

3. 给图 7.42 的衣服换上不同的颜色，如图 7.43 所示。

图 7.42

图 7.43　效果图

扩展练习

根据图 7.44 所示，用色彩调整的方法制作出橘子熟了的效果，如图 7.45 所示。

图 7.44　原图

图 7.45　效果图

第8章　蒙版与通道

学习目标

蒙版与选区的保存与载入

图像通道的基本操作

预习任务

1. 使用通道原理绘制RGB颜色模式效果图和CMYK颜色模式效果图。

RGB模式效果图

CMYK模式效果图

2. 使用蒙版，完成下列效果图。

原图1

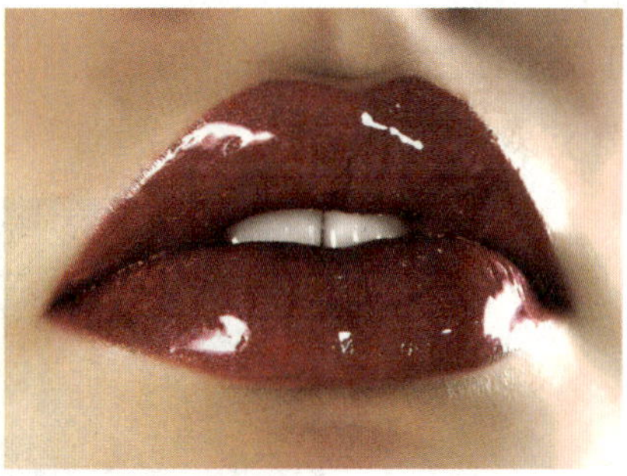

原图2

效果图

3. 使用蒙版，给下面的图片换天空，并进行色彩调整。

原图

效果图

8.1　图层蒙版

图层蒙版可用于为图层增加屏蔽效果，其优点在于可以通过改变图层蒙版不同区域的黑白程度，控制图像对应区域的显示或隐藏状态，从而为图层添加特殊效果。在平面设计中图层蒙版可以用来抠图，使用它进行抠图的好处是只对蒙版进行编辑，不影响图层的像素，当对图层蒙版所做的效果不满意时，可以随时去掉蒙版，即可恢复图像的本来面目。

图 8.1 所示为应用图层蒙版后的图像效果及对应的“图层”面板。

图 8.1　图层蒙版效果展示

对比“图层”面板与使用蒙版后的实际效果可以看出，图层蒙版中黑色区域部分所对应的区域被隐藏，从而显示出底层图像；图层蒙版中的白色区域显示对应的图像区域；灰色部分使图像对应的区域半隐半显，称之为透明效果。

8.1.1　蒙版“属性”面板

蒙版“属性”面板提供了用于图层蒙版及矢量蒙版的多种控制选项，使操作者可以轻松更改其不透明度、边缘柔化程度，可以方便地增加或删除蒙版、反相蒙版或调整蒙版边缘。

双击添加的图层蒙版，系统显示如图 8.2 所示的蒙版“属性”面板。

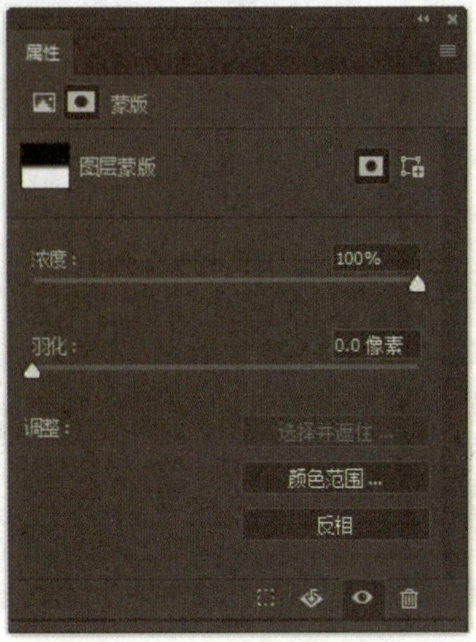

图 8.2　“蒙版”属性面板

使用蒙版“属性”面板可以对蒙版进行如浓度、羽化、反相及显示/隐藏蒙版等操作，下面将以此面板为中心讲解与图层蒙版相关的操作。

8.1.2　创建图层蒙版

在Photoshop中有很多种创建图层蒙版的方法。具体如下：

1. 直接添加蒙版

要直接为图层添加蒙版，可以进行如下操作：选择要添加图层蒙版的图层，单击“图层”面板底部的“添加图层蒙版”按钮，可以为图层添加一个默认填充为白色的图层蒙版，即显示全部图像，如图8.3所示。

图8.3　添加蒙版前后的“图层”效果

（1）如果当前选择的是背景图层，在“蒙版”面板中单击“添加像素蒙版”按钮，会将其转换成为普通图层。然后再为其添加蒙版。

（2）如果按住Alt键执行上述的添加蒙版操作，即可为图层添加一个默认填充为黑色的图层蒙版，即隐藏全部图像。

2. 利用选区添加图层蒙版

（1）如果当前图像中存在选区，可以利用该选区来添加图层蒙版，并决定添加图层蒙版后显示或者隐藏选区内部的图像。

（2）依据选区范围添加蒙版：选择要添加图层蒙版的图层，在“图层”面板中单击“添加图层蒙版”按钮，即可依据当前选区的选择范围为图像添加蒙版。

（3）依据与选区相反的范围添加蒙版：如果在单击“添加图层蒙版”按钮前按住Alt键，即可依据与当前选区相反的范围为图层添加蒙版，即先对选区执行“反相”操作，然后再为图层添加蒙版。

（4）如果当前图层中存在选择区域，按上述方法创建蒙版时，选区部分将以白色显示，非选择区域将以黑色显示。

8.1.3　编辑图层蒙版

添加图层蒙版只是完成了应用图层蒙版的第一步，要使用图层蒙版还必须对图层蒙版进行编辑。这样才能取得所需的效果。编辑图层蒙版的操作步骤如下：

(1) 单击“图层”面板中的图层蒙版缩览图以将其激活。

(2) 选择任何一种编辑或绘画工具，按照下述方法进行编辑。

➢ 如果要隐藏当前图层，用黑色在蒙版中绘图。

➢ 如果要显示当前图层，用白色在蒙版中绘图。

➢ 如果要使当前图层部分可见，用灰色在蒙版中绘图。

➢ 如果要编辑图层而不是编辑图层蒙版，可单击“图层”面板中该图层的缩览图以将其激活。

8.1.4 更改图层蒙版的浓度

“蒙版”面板中的“浓度”滑块可以调整选定的图层蒙版或矢量蒙版的不透明度。其使用步骤如下：

(1) 在“图层”面板中，选择包含要编辑的蒙版的图层。

(2) 单击蒙版“属性”面板中的单击“矢量蒙版”按钮将其激活。

(3) 拖动“浓度”滑块，当其数值为100%时，蒙版将完全不透明，并遮挡图层下面的所有区域。此数值越小，蒙版下的更多区域变得可见。

8.1.5 羽化蒙版边缘

可以使用蒙版“属性”面板中的“羽化”滑块直接控制蒙版边缘的柔化程度。其步骤如下：

(1) 在“图层”面板中选择包含要编辑的蒙版的图层。

(2) 单击蒙版“属性”面板中的“矢量蒙版”按钮，将其激活。

(3) 在蒙版“属性”面板中拖动“羽化”滑块，以将羽化效果应用至蒙版的边缘，使蒙版边缘在蒙住和未蒙住区域之间创建较柔和的过渡。

8.1.6 调整蒙版边缘及色彩范围

(1) 单击“蒙版边缘”按钮，将弹出“调整蒙版”对话框，此对话框的功能及使用方法与“调整边缘”命令相同，使用此命令可以对蒙版进行平滑、羽化等操作。

(2) 单击“颜色范围”按钮，将弹出“色彩范围”对话框，使用该对话框可以更好地在蒙版中进行选择操作，调整得到的选区并将其直接应用于当前的蒙版中。

8.1.7 图层蒙版与通道的关系

在蒙版被选中的情况下，可以使用任何一种编辑或绘画工具对蒙版进行编辑。由于图层蒙版实际上是一个灰度Alpha通道，可以看到在“通道”面板中增加了一个名称为“图层蒙版”的通道。

如图8.4所示为具有蒙版的“图层”面板，如图8.5所示为切换至“通道”面板时，名称为“图层1蒙版”的Alpha通道的显示状态。

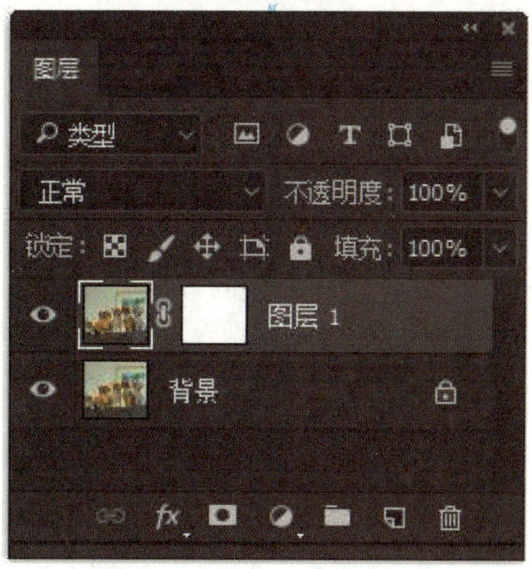

图 8.4　“图层”面板

图 8.5　“通道”面板中的 Alpha 通道

8.1.8　应用与删除图层蒙版

应用图层蒙版可以将图层蒙版中黑色对应的图像遮盖、白色对应的图像显示、灰色过渡区域所对应的图像部分像素遮盖以得到一定的透明效果，从而保证图像效果在应用图层蒙版前后不发生变化。应用图层蒙版可以执行以下操作之一。

（1）在蒙版“属性”面板中单击“应用蒙版”按钮。

（2）选择“图层→图层蒙版→应用”菜单命令。

（3）在图层蒙版缩览图上右击，在弹出的快捷菜单中选择“应用图层蒙版”命令。

如果不想对图像进行任何修改而直接删除图层蒙版，可以执行以下操作之一。

（1）单击蒙版“属性”面板中的“删除蒙版”按钮。

（2）选择“图层→图层蒙版→删除”菜单命令。

（3）在图层蒙版缩览图中右击，在弹出的快捷菜单中选择“删除图层蒙版”命令。

8.1.9　显示与屏蔽图层蒙版

要屏蔽图层蒙版可以按住 Shift 键单击图层蒙版缩略图，此时蒙版显示为一个红色叉，如图 8.6 所示，再次按住 Shift 键单击蒙版缩略图即可重新显示蒙版效果。

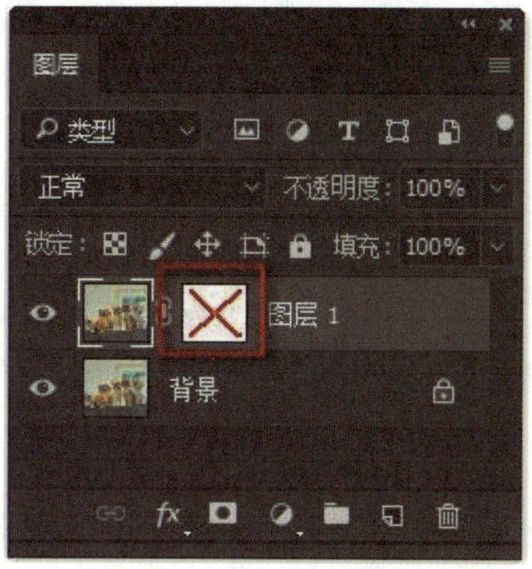

图 8.6　被屏蔽的图层蒙版

除上述方法外，选择“图层→图层蒙版”子菜单中的“停用”“启用”命令也可以暂时屏蔽、显示图层蒙版效果。

8.2 通道

通道主要功能：用于存储图像颜色信息、存储和创建选区、抠图和存储专色信息。

通道与图层的区别：图层各个像素点的属性是以红绿蓝三原色的数值来表示的，而通道层中的像素颜色是由一组原色的亮度值组成的，即通道中只有一种颜色的不同亮度，是一种灰度图像，是对某种颜色的选择区域的映射。

在Photoshop中，一个图像最多可以有56个通道，默认通道的数目取决于图像的颜色模式。

RGB模式有4个通道，1个复合通道（RGB通道），3个分别代表红色（R）、绿色（G）、蓝色（B）的通道，如图8.7所示。而CMYK模式的图像有5个通道，即1个复合通道（CMYK通道）、C青色通道、M洋红通道、Y黄色通道和K黑色通道，如图8.8所示。

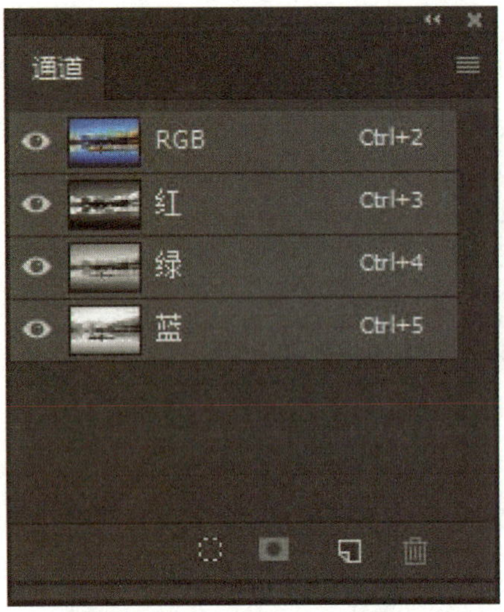

图8.7　RGB模式的“通道面板”

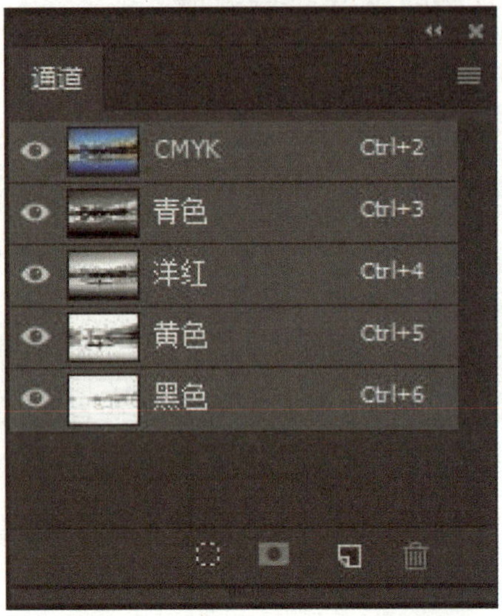

图8.8　CMYK模式的“通道面板”

位图模式仅有一个通道，通道中有黑色和白色2个色阶。灰度模式的图像有一个通道，该通道表现的是从黑色到白色的256个色阶的变化。

这些不同的通道保存了图像的不同颜色信息，例如，在RGB模式图像中，“红”通道保存了图像中红色像素的分布信息，“蓝”通道保存了图像中蓝色像素的分布信息，“绿”通道保存了图像中绿色像素的分布信息。正是这些原色通道的存在，所有的原色通道合成在一起时，才会得到具有丰富色彩效果的图像。

在Photoshop中新建的通道被自动命名为Alpha通道，Alpha通道用来存储选区。

专色是指在印刷时使用的一种预制的油墨，使用专色通道的好处在于可以获得通过使用CMYK四色油墨无法合成的颜色效果，如得到金色与银色，此外还可以降低印刷成本。

只要以支持图像颜色模式的格式存储文件，即会保留颜色通道。只有当以PHOTOSHOP、PDF、TIFF、PSB、或RAW格式存储文件时，才会保留ALPHA通道。DCS 2.0格式只保留专色通道。以其他格式存储文件可能会导致通道信息丢失。

8.2.1 通道面板的使用

通道的大多数操作都是在“通道”面板中进行的，本节讲解“通道”面板的功能及其使用方法。

选择“窗口→通道”菜单命令，可以显示或隐藏“通道”面板，如图8.9所示。

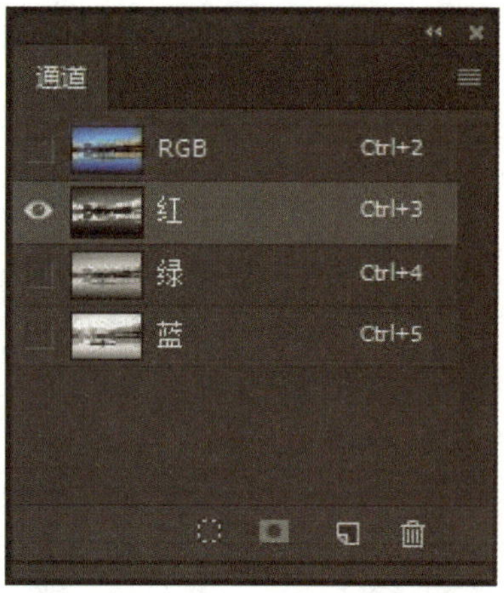

图8.9　选择一个通道的“通道”面板

在“通道”面板中，放置区用于存放当前的图像中存在的所有通道。在通道放置区中，如果选中的只是其中的一个通道，则只有此通道处于选中状态，此时该通道上将出现一个蓝色条，如图8.9所示。如果想选中多个通道，则可以按住Shift键再单击其他的通道。通道左侧的眼睛图标用于打开或关闭显示颜色通道。

单击“通道”面板右上角黑色的三角形按钮口，将弹出其下拉菜单，如图8.10所示。

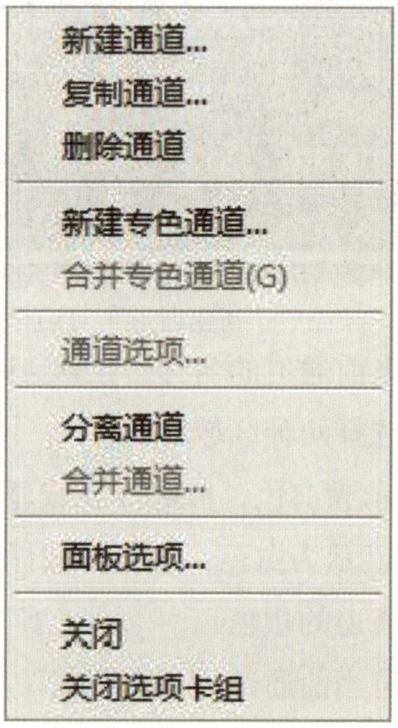

图8.10　弹出的下拉菜单

在“通道”面板的底部有4个工具按钮，如图8.11所示，从左到右的按钮依次为“将通道作为选区载入”“将选区存储为通道”“创建新通道”“删除当前通道”。

（1）　（2）　（3）　（4）

图8.11　工具按钮

(1)“将通道作为选区载入”：用于将通道中的选择区域调出。该功能与“选择→载入选区”菜单命令功能相同。

(2)“将选区存储为通道”：用于将选择区域存入通道中，并在后面调出来制作一些特殊效果。

(3)“创建新通道”：用于创建或复制一个新的通道，此时建立的通道即为Alpha通道。

(4)“删除当前通道”：用于删除一个图像中的通道，使用鼠标将通道直接拖动到垃圾桶图标处即可将其删除。

8.2.2 通道的基本操作

通道的基本操作与图层是类似的，如创建新通道、复制通道和删除通道等。

1. 创建新通道

创建新通道的方法如下：

方法1：使用“通道”面板弹出式菜单。

单击“通道”面板右上角的黑色三角形按钮，将弹出其下拉菜单。在弹出式菜单中选择“新建通道”命令，将弹出“新建通道”对话框，如图8.12所示。

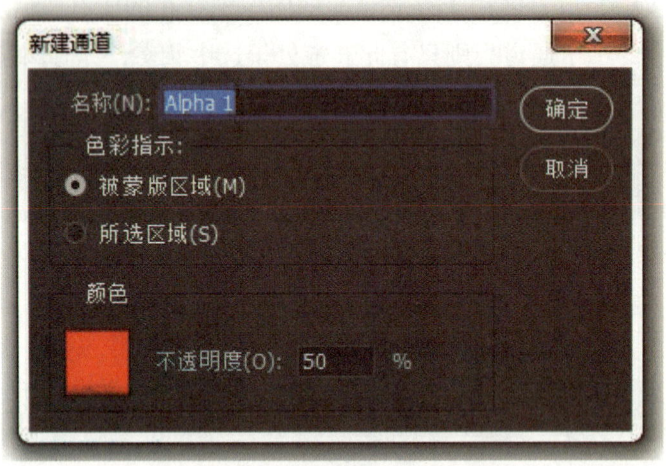

图8.12 “新建通道”对话框

(1)“名称”文本框用于设定当前通道的名称，默认Alpha。

(2)“色彩指示”选项组用于选择两种区域方式。

- “被蒙版区域”：选择区显示为白色，被蒙版区域显示为黑色。
- “所选区域”：被蒙版区域显示为白色，选择区域显示为黑色。

(3)“颜色”选项可以设定新通道的颜色。

(4)“不透明度”选项用于设定当前通道的不透明度。

单击“确定”按钮，“通道”面板中将建好一个新通道，即“Alpha 1”通道，如图8.13所示。

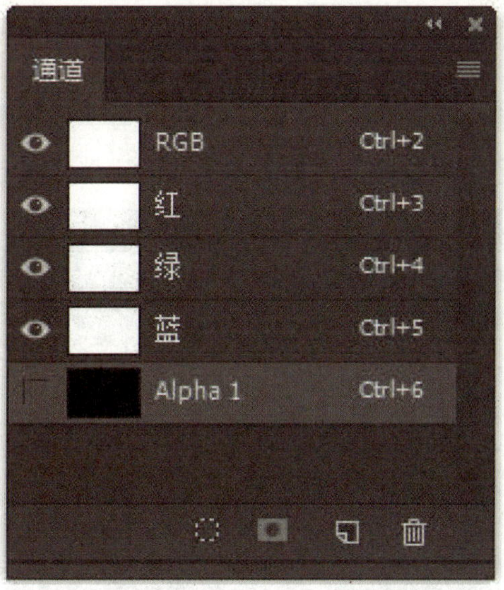

图8.13　新建“Alpha1”通道

方法2：在“通道”面板上单击下方的“创建新通道”按钮，创建一个新通道。

2. 复制通道

复制通道的方法如下：

方法1：使用“通道”面板弹出式菜单。

单击“通道”面板右上角的黑色三角形按钮，将弹出其下拉菜单。在弹出式菜单中选择“复制通道”命令，弹出“复制通道”对话框，如图8.14所示。

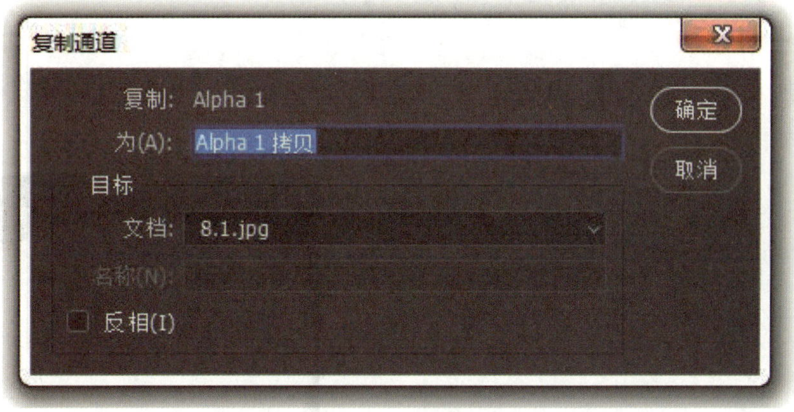

图8.14　复制通道

（1）“复制为”选项用于设定复制通道的名称。

（2）“文档”选项用于设定复制通道的文件来源。

方法2：使用“通道”面板按钮。

将“通道”面板中需要复制的通道拖放到下方的“创建新通道”按钮上，就可以将所选的通道复制为一个新通道。

方法3：在“通道”面板中右击某通道，在弹出的快捷菜单中选择“复制通道”命令，选择命令后打开“复制通道”对话框复制通道。

3. 删除通道

要删除无用的通道，可以在“通道”面板中选择要删除的通道，并将其拖至面板下方的

“删除当前通道”按钮上，单击该按钮即可将通道删除。

提示：除Alpha通道和专色通道外，图像的颜色通道如红通道、绿通道、蓝通道等通道也可以被删除。但这些通道被删除后，当前图像的颜色模式自动转换为多通道模式。图8.15所示为一幅RGB模式的图像中绿色通道被删除后的“通道”面板状态。

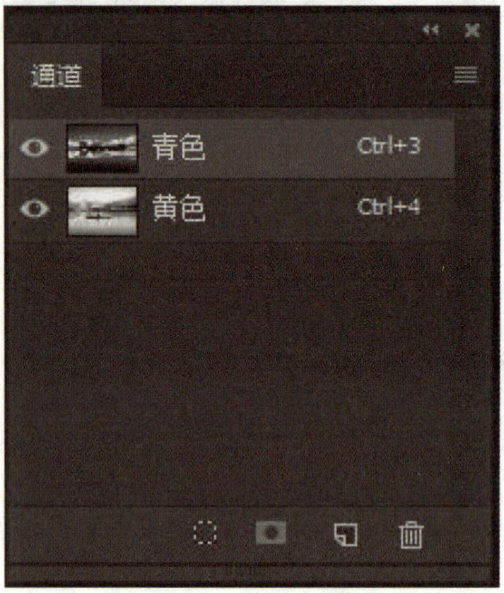

图8.15　删除通道

8.2.3　Alpha通道

Alpha通道与选区之间存在着密不可分的关系，通道可以转换成为选区，选区也可以保存为通道。

如图8.16所示为一个使用“钢笔工具”绘制后转换得到的选区，在其被保存成为Alpha通道后，得到如图8.17所示的Alpha通道。

图8.16　钢笔工具绘制的选区图

图8.17　保存选区后得到的通道

由这两个示例可以看出，Alpha通道中的黑色区域对应非选区，而白色区域对应选择区域。由于Alpha通道中可以创建从黑到白共256级灰度色，因此能够创建并通过编辑得到非常精细的选择区域。

1. 通过操作认识Alpha通道

前面已经讲述过Alpha通道与选区的关系，下面通过一个操作实例来认识两者之间的关系。

（1）选择“文件→新建”菜单命令，新建一个适当大小的文件，选择自定形状工具，在工具属性栏中选择“雨伞”形状，并在“属性”工具栏的“工具模式”下拉列表框中选择“路径”选项，在工作区中绘制形状路径，按下Ctrl+Enter组合键将路径转换为选区，如图8.18所示。

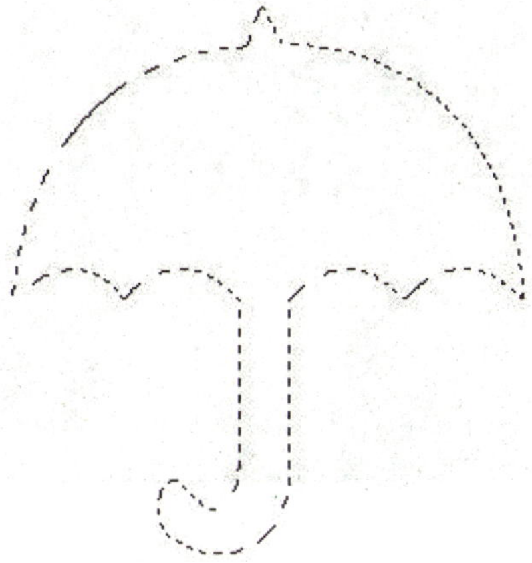

图8.18　创建选区

（2）选择“选择→存储选区”菜单命令，在弹出的“存储选区”对话框中进行参数设置，如图8.19所示。

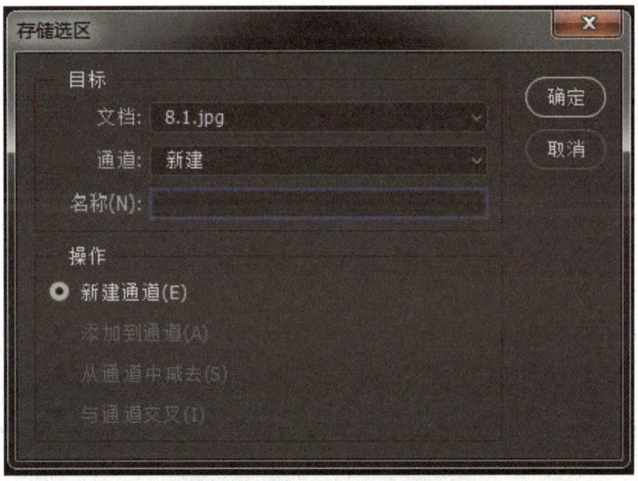

图8.19　“储存选区”对话框

（3）按照第一步的方法绘制一只蝴蝶的选区，如图8.20所示。

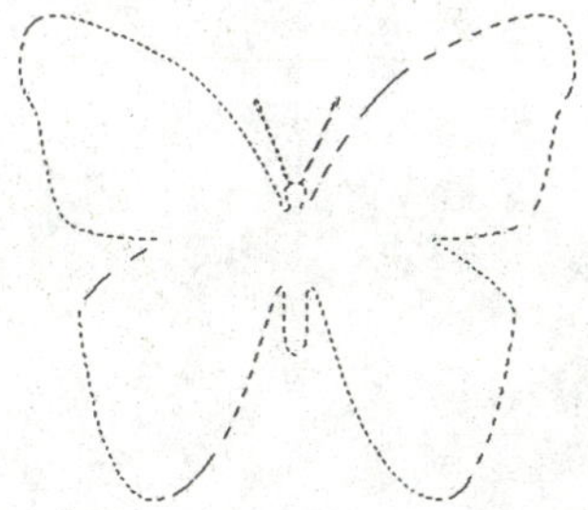

图8.20　创建选区

（4）再次选择“选择→存储选区”菜单命令，在弹出的“存储选区”对话框中进行设置，如图8.21所示。

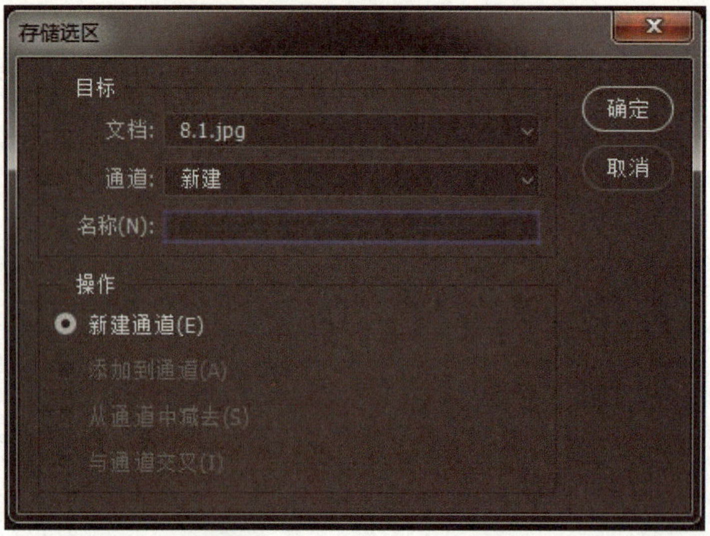

图8.21　“储存选区”对话框

（5）按照第一步的方法绘制一个太阳选区，并羽化5个像素，如图8.22所示。

图8.22　创建选区

（6）再次选择“选择→存储选区”菜单命令。在弹出的“存储选区”对话框中进行参数设置，如图8.23所示。

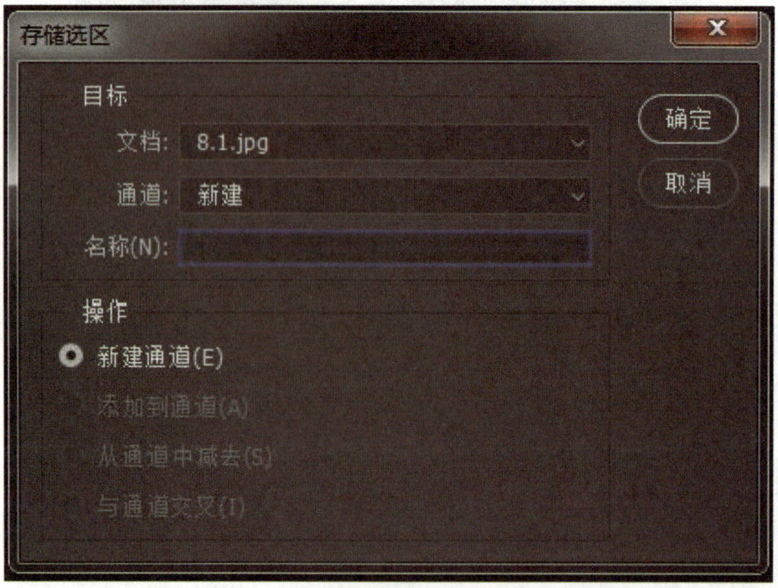

图8.23　“储存选区”对话框

（7）切换至“通道”面板，可以发现“通道”面板中多了3个Alpha通道，如图8.24所示。

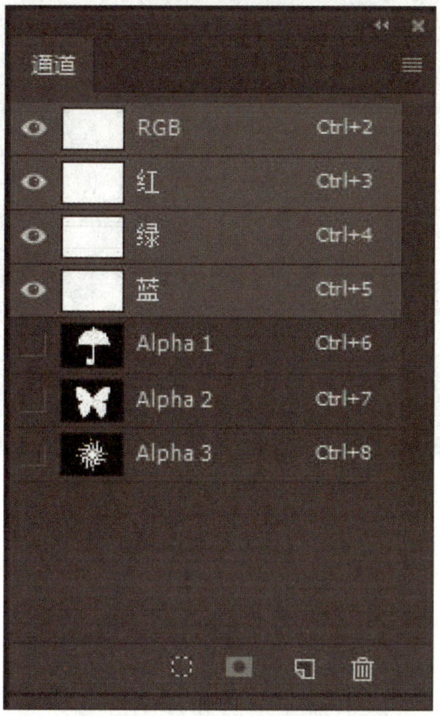

图8.24 “通道”面板

（8）分别切换至3个Alpha通道，图像分别如图8.25所示。

图8.25 3个Alpha通道

3个通道中白色的部分对应的正是我们创建的3个选择区域的位置与大小，而黑色则对应于非选择区域。

而对于通道3，除了黑色与白色外，还出现了灰色柔和边缘，实际上这正是具有“羽化”值的选择区域保存于通道后的状态。在此状态下，Alpha通道中的灰色区域代表部分选择，换言之，即具有羽化值的选择区域。

因此，我们创建的选择区域都可以被保存在“通道”面板中。而且选择区域被保存为白色，非选择区域被保存为黑色，具有“羽化”值的选择区域保存为具有灰色柔和边缘的通道。

8.2.4 将选区保存为通道

将选择区域保存为通道的方法有以下3种。

（1）绘制好选区后，可以在“通道”面板中直接单击“将选区存储为通道”按钮。

（2）还可以选择“选择→存储选区”菜单命令将选区保存为通道。

（3）在绘制的选区范围内右击，在弹出的快捷菜单中选择“存储选区”命令，弹出如图8.26所示的“存储选区”对话框。

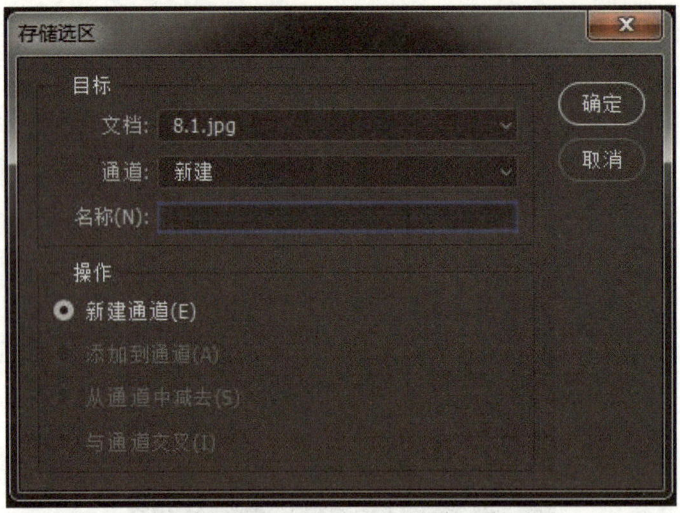

图8.26 “储存选区”对话框

此对话框中的重要参数及选项说明如下：

➢ “文档”：该下拉列表框中显示了所有已打开的尺寸大小及与当前操作图像文件相同的文件的名称，选择这些文件名称可以将选择区域保存在该图像文件中。如果选择“新建”选项，则可以将选择区域保存在一个新文件中。

➢ “通道”：在该下拉列表框中列有当前文件中已存在的Alpha通道名称及“新建”选项。如果选择已有的Alpha通道，可以替换该Alpha通道所保存的选择区域。如果选择“新建”选项，可以创建一个新的Alpha通道。

➢ “新建通道”：选中该单选按钮，可以添加一个新通道。如果在“通道”下拉列表框中选择一个已存在的Alpha通道，下面的“新建通道”单选按钮将转换为“替换通道”单选按钮，选中此单选按钮可以用当前选择区域生成的新通道替换所选的通道。

➢ “添加到通道”：在“通道”下拉列表框中选择一个已存在的Alpha通道时，此单选按钮被激活，选中该单选按钮，可以在原通道的基础上添加当前选择区域所定义的通道。

➢ “从通道中减去”：在“通道”下拉列表框中选择一个已存在的Alpha通道时，此单选按钮被激活，选中该单选按钮，可以在原通道的基础上减去当前选择区域所创建的通道，即在原通道中以黑色填充当前选择区域所确定的区域。

➢ “与通道交叉”：在“通道”下拉列表框中选择一个已存在的Alpha通道时，此单选按钮被激活，选中该单选按钮，可以得到原通道与当前选择区域所创建的通道的重叠区域。

➢ 除了可以按上述方法保存选择区域外，还可以在选择区域存在的情况下，直接切换至“通道”面板中，单击“将选区存储为通道”按钮，将当前选择区域保存为一个默认的新通道。

8.2.5 将通道作为选区载入

要调用Alpha通道所保存的选区，可以采用以下3种方法。

（1）在“通道”面板中选择该Alpha通道，单击“通道”面板中的“将通道作为选区载入”按钮，即可调出此Alpha通道所保存的选区。

（2）按住Ctrl键，单击该通道即可调出此Alpha通道所保存的选区。

（3）选择“选择→载入选区”菜单命令，在图像中存在选区的情况下，将弹出“载入选区”对话框。由于此对话框中的选项与“存储选区”对话框中选项的意义基本相同，故在此不再赘述。

8.2.6 专色通道

在印刷时，一般使用CMYK四色油墨。但专墨颜色艳丽，有些具有反光特性和颗粒夹杂的效果，所以在设计精美的印刷品和包装时可以考虑采用专墨。每种专墨在进行胶片输出时，需要单独输出在一张胶片上，所以我们需要在“通道”面板中为其定义一个专门的通道来记录专色信息。

使用专色通道，可以在分色时输出第5块或第6块甚至更多的色片，用于定义需要使用专色印刷或处理的图像局部。

总结

本章详细的介绍了蒙版图层、通道的使用方法与应用，包括蒙版的创建、编辑、删除、启用/停用、链接/取消链接，通道的创建、编辑、排列等。熟练掌握与理解这些内容可以为编辑与处理图像、制作特效文字，以及创建印刷图像打下坚实的基础。

作业

1. 使用蒙版以及所学知识更改图8.27中相框内的内容，素材如图8.28所示。处理后效果如图8.29、图8.30所示。

图8.27　原图

图8.28　素材

图8.29　效果图

图8.30　效果图

2. 使用蒙版以及所学知识将图8.31的图像制作成如图8.32所示的效果。

图8.31　原图

图8.32　效果图

扩展练习

1. 将图8.33、图8.34制作成图8.35的效果。

图8.33　原图

图8.34　原图

图8.35　效果图

提示

（1）打开两张素材图片，如图8.33、图8.34所示。

（2）将图8.34拖入图8.33文件中，调整位置和大小。

（3）用魔术棒选中8.34图中的白色背景。

（4）按住Alt键点击蒙版按钮，即可合成图片，如图8.35所示。

2. 利用所学知识将图8.36、图8.37合成图8.38所示的婚纱效果图。

图8.36　原图

图8.37　原图

图8.38　效果图

第9章 滤 镜

学习目标

滤镜的基本概念

内置滤镜

外置滤镜

预习任务

制作出下图的边框。

知识点："滤镜→滤镜库→画笔描边→喷溅"命令。

其主要步骤如下：

（1）选取所要处理的图层或图层的某个选区。

（2）用钢笔随意勾勒出一个形状。

（3）在通道中新建一个通道，填充刚才的路径为白色。

（4）执行“滤镜→滤镜库→画笔描边→喷溅”命令。参数如下图：

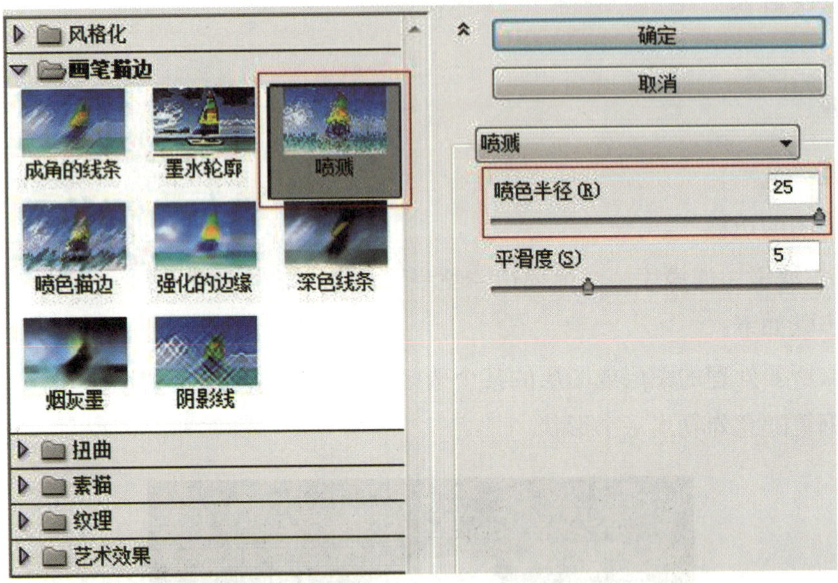

（5）最后制作效果如图所示。

制作前

制作后

9.1 滤镜的基本概念

滤镜功能是Photoshop中最奇妙的部分，它能创建出各种各样精彩绝伦的图像，有的效果仿制现实中的事物，几乎可以以假乱真；有的效果可以作出虚幻的景象。滤镜原本是一种摄影器材，摄影师将它们安装在照相机的镜头前面来改变照片的拍摄方式，以便影响色彩或产生特殊的拍摄效果。

9.2 滤镜的种类和主要用途

滤镜分为内置滤镜和外置滤镜两大类。内置滤镜是Photoshop自身提供的各种滤镜，外置滤镜则是由其他厂商开发的滤镜，它们需要安装在Photoshop中才能使用。

Photoshop的内置滤镜主要有两种用途。

（1）用于创建具体的图像特效，如可以生成粉笔画、图章、纹理、波浪等各种效果。

（2）用于编辑图像，如减少图像杂色、提高清晰度等。

9.3 内置滤镜

1. 什么是滤镜库

利用“滤镜库”命令可以一次性打开“风格化”“画笔描边”“扭曲”“素描”“纹理”、和“艺术效果”滤镜。

2. 滤镜库的基本使用方法

使用一种滤镜，从“滤镜”下拉菜单选取相应的命令或子菜单中的命令即可。具体方法如下：

从“滤镜”下拉菜单中选取相应的滤镜后，如果滤镜名称后有小三角形，则表示其后有相关的子菜单命令。如果滤镜名称后有省略号，则会出现对话框，在其中输入数值或者选择选项即可。如果对话框中包含预览窗口，可以按照以下方法操作：

（1）在图像窗口中单击，可以使图像的指定区域成为预览窗口的中心。

（2）在预览窗口中拖移，可以使图像的指定区域成为预览窗口的中心。

（3）使用预览窗口下的“+”或“−”按钮可以放大或缩小预览图。

在菜单栏中单击“滤镜”命令，在滤镜菜单中选取“滤镜库”命令，将会打开滤镜库的对话框，可以在对话框的右边选取相应的“滤镜”，同时能在左边的预览框中预览效果，也可以在右边进行所需的参数设置。以选择“滤镜→滤镜库→素描→铬黄渐变”命令为例。效果如图9.1所示的形状。

图9.1

（1）我们再做一个其他的效果，执行“滤镜→滤镜库→素描→铬黄渐变”命令。参数如图9.2、图9.3所示。

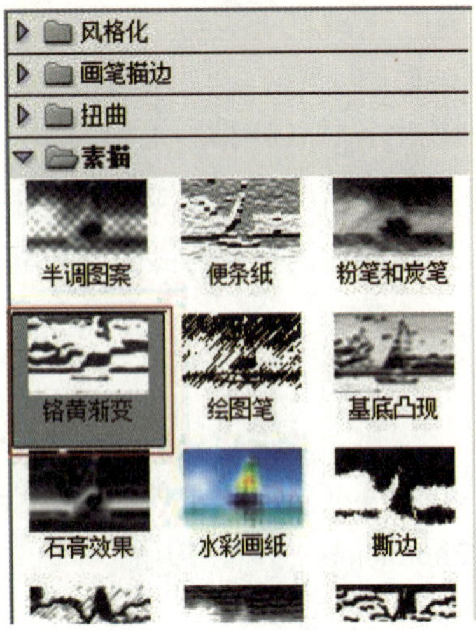

图9.2

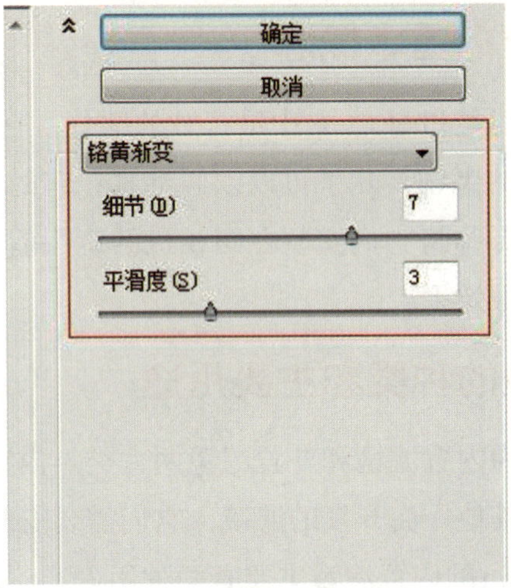

图9.3

（2）在滤镜库的对话框中可以单击 按钮显示或隐藏滤镜库。可以在对话框的右下角单击（新建效果图层）按钮，新建一个效果层，以加强效果，在滤镜库中可以选择其他的效果，如果需要删除某效果也可以单击（删除效果图层）按钮，将不需要的效果层删除，设置好后单击“确定”按钮，即可得到最后在预览中预览的效果。

（3）在此基础上在新建一个水彩画纸效果，如图9.4所示。

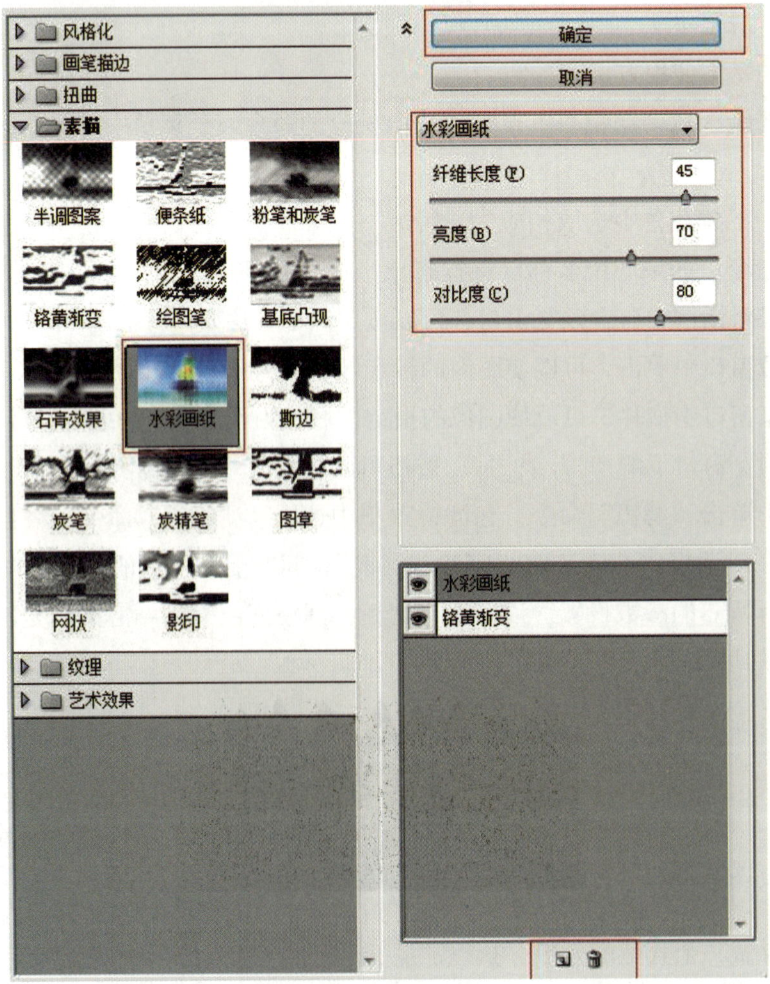

图9.4

（4）单击确定之后，如图9.5所示。

图9.5

（5）载入Alpha通道的选区，回到图层，新建图层，填充颜色，如图9.6、图9.7所示。

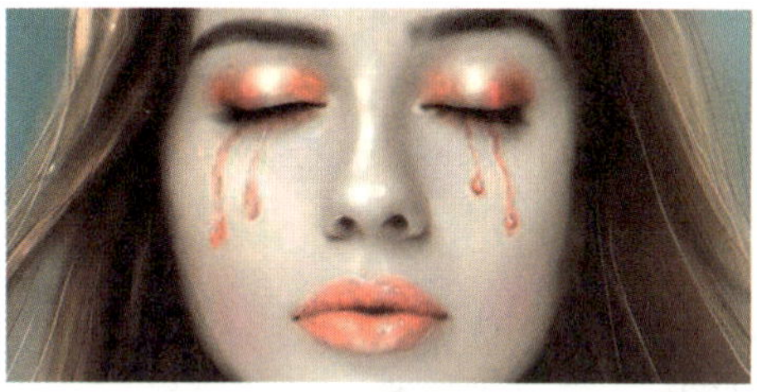

图9.6　原图像

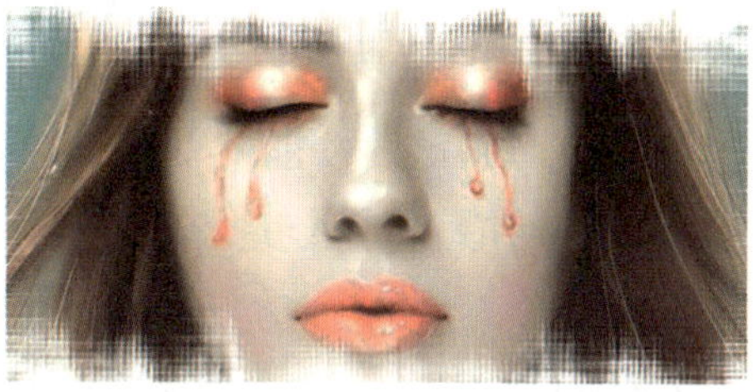

图9.7　制作后

9.3.1　镜头校正

1. 什么是镜头校正

使用“镜头校正”滤镜可以修复常见的镜头瑕疵，该滤镜在RGB或灰度模式下只能用于8位/通道和16位/通道的图像。并且可以修复由于相机垂直或水平倾斜而导致的图像透视现象。相对于用“变换”命令来说，镜头校正滤镜的网格使得这些调整可以更为轻松精确地进行。

2. 镜头校正滤镜的基本使用方法

（1）将图9.8使用“镜头校正”命令。

图9.8

（2）从菜单栏中执行“滤镜→镜头校正”命令，弹出“镜头校正”对话框。

镜头校正左边工具条选项说明，如图9.9所示。

图9.9

➢ 移去扭曲工具：可以校正镜头桶形或枕形失真。朝图像的中心拖动可校正枕形失真，而朝图像的边缘拖动可校正桶形失真。

➢ 拉直工具：在左边的工具条中选择“拉直工具”并在预览窗口中拖出一条直线作为垂直参考边，如图9.10所示。松开左键后即可摆正图片，如图9.11所示。

图9.10

图9.11

➢ 移动网格工具：要先把网格显示出来，因此勾上下方的“显示网格”选项，便可以移动网格，如图9.12、图9.13所示。

图9.12

图9.13

➢ 抓手工具：当图像放大到很大的时候可运用抓手工具进行图像移动。

➢ 缩放工具：对图像进行放大或者缩小。

镜头校正右边工具条选项说明：

在“镜头校正”对话框中单击“自定”标签，显示“自定”面板，如图9.14所示。

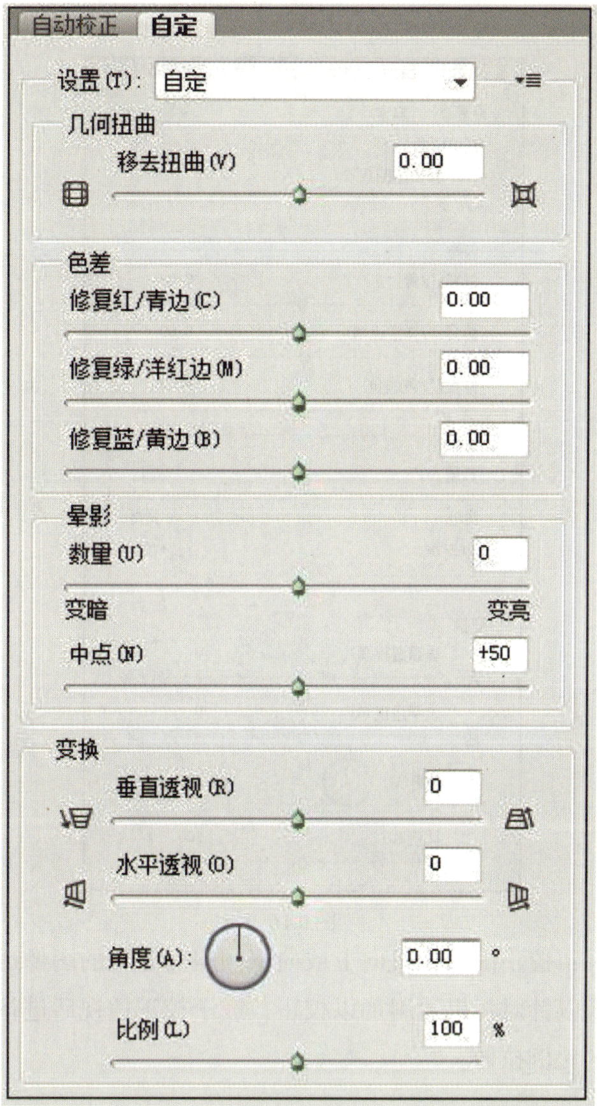

图9.14

➢ 几何扭曲（移去扭曲）：拖动右边的滑块可以拉直从图像中心向外弯曲或朝图像中心弯曲的水平和垂直线条。向右划可以实现枕形变形，向左滑动可以实现桶形变形。

➢ 色差：通过相对其中一个颜色通道调整另一个颜色通道的大小来补偿边缘。

➢ 晕影：在其中可以设置沿图像边缘变亮或变暗的程度，如图9.15所示。校正由于镜头缺陷或镜头遮光处理不正确而导致拐角较暗的图像。

晕影调整之前　　晕影调整之后

图9.15

参数如图9.16所示。

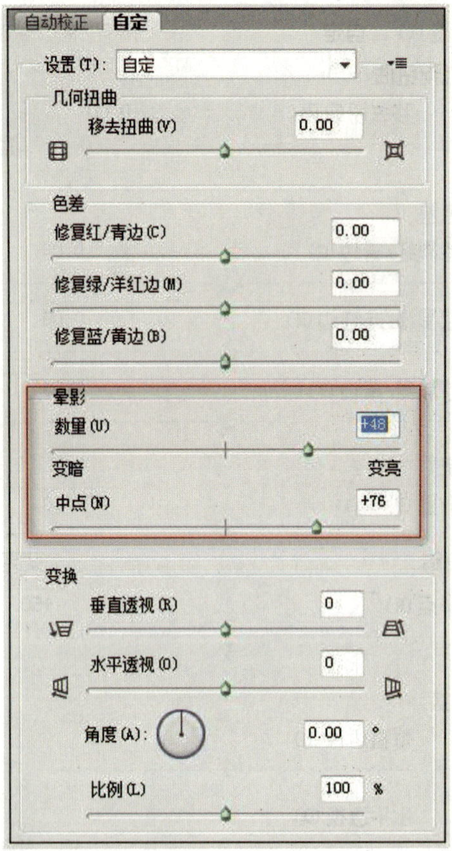

图9.16

- ➢ 垂直和水平透视：校正由于相机向上或向下倾斜而导致的图像透视。
- ➢ 角度：旋转图像以针对相机歪斜加以校正，或子校正透视后进行调整。
- ➢ 比例：对图像的比例拉伸。

9.3.2 自适应广角

1. 什么是自适应广角

使用“自适应广角”滤镜可以将全景图或使用鱼眼和广角镜头拍摄的照片中的弯曲线条迅速拉直，以移去扭曲。

2. 自适应广角的基本使用方法

（1）打开一张图片，如图9.17所示。

图9.17

（2）从菜单栏中执行“滤镜→自适应广角”命令，弹出“自适应广角”对话框。

自适应广角左边工具条选项说明如图9.18所示。

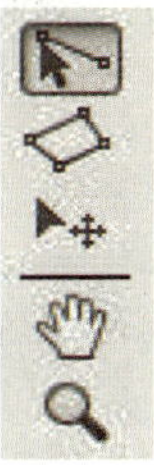

图9.18

➢ 约束工具：选择之后，可以拉出一条线段，同时对线段所在的位置进行拉直。

➢ 多边形约束工具：可以绘制多边形，对图像进行拉直。多边形边缘会自动根据图像弯曲。

➢ 移动工具：对图像进行移动。

➢ 抓手工具：当图像放大到很大的时候可运用抓手工具进行图像移动。

➢ 缩放工具：对图像进行放大或者缩小。

自适应广角右边工具条选项说明，如图9.19所示。

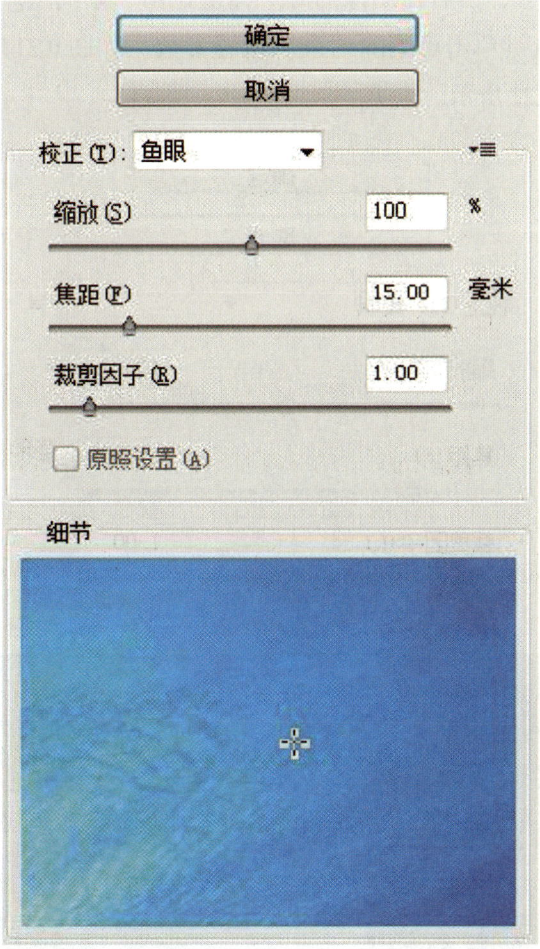

图9.19

➢ 校正：校正里可以选择“鱼眼”“透视”“自动”“完整球面”。需要注意的是，“完整球面”的校正方法，要求图像的长宽比为1∶2，不然会弹出以下提示，如图9.20所示。

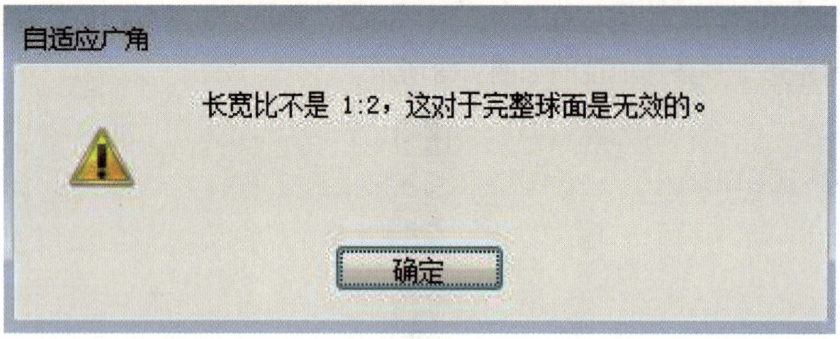

图9.20

➢ 缩放：指定值以缩放图像。使用此值最小化在应用滤镜之后引入的空白区域。

➢ 焦距：指定镜头的焦距。

➢ 裁剪因子：指定值以确定如何裁剪最终图像。将此值与“缩放”配合使用以补偿应用滤镜时引入的任何空白区域。

➢ 原照设置：启用此选项以使用镜头配置文件中定义的值。如果没有找到镜头信息，则禁用此选项。

其主要步骤如下：

（1）选择“约束工具”，然后在图像的海平面上拉出一条约束。按住Shift键单击可添加水平/垂直约束，按住Alt键单击可删除约束。设置参数：如图9.21所示。可以试着去调整，观察图像的变化，如图9.22所示。

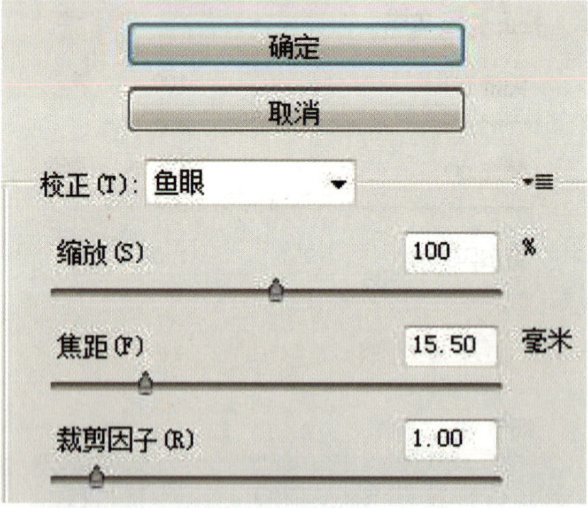

图9.21

图9.22

(2) 可以看到拉出的约束，会自动识别图像，呈一个弯曲的效果，点击鼠标左键结束线段，线段会自动拉直图像也会被校正，如图9.23所示。

图9.23

(3) 虽然图像校正了，但海平面还是不平，可以继续校正，用鼠标左键拖动约束中心的位置让约束的弯曲度尽量和海平面重合，重合之后松开鼠标。海平面再次被拉直，如果海平面还并不是水平的，可以按住键盘上的Shift键，然后把鼠标放到约束中心的位置，鼠标就变成了一个类似吸管的状态，点击鼠标左键，这条约束就会自动变成水平的，同时图像会再次被校正，如图9.24所示。

(4) 海平面基本上水平了之后，可以取消勾选下方的“显示约束”选项，观察海平面，如图9.25所示。

图9.24　显示约束

图9.25　不显示约束

(5) 如果没什么问题之后，就可以调整面板中的缩放滑块，使画面充满整个画布，如图9.26、图9.27所示。

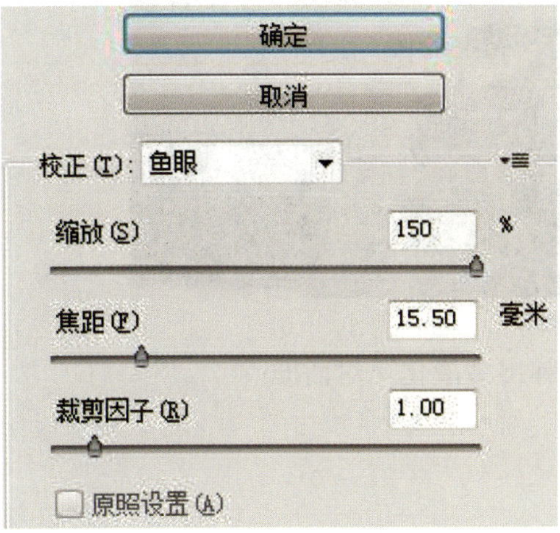

图9.26　缩放滑块图

图9.27　调整缩放滑块之后

（6）虽然下方有一些没有填充满，在点击确定后还有一部分没有填充满，可以用“裁剪工具”把下面的一部分裁掉。得到如图9.28所示效果，如果觉得最后的效果不满意，可以再次对海平面进行校正。

图9.28

9.3.3 液化

1. 什么是液化

液化的特性就是会产生液化一样的效果，比如说有张图片上的人你觉得他的眼睛比较小，那么就可以用液化滤镜里的膨胀工具对着眼睛部分单击，你会发现他的眼睛会变大，而且不会太假，这种效果是很理想的，液化滤镜可以对图像作收缩、推拉、扭曲、旋转等变形处理，很灵活。

2. 液化的基本使用方法

（1）打开一张图片，如图9.29所示。

图9.29

（2）从菜单栏中执行“滤镜→液化”命令，弹出“液化”对话框。

液化左边工具条选项说明，如图9.30所示。

图9.30

➢ 向前变形工具：拖移时向前推送像素。

➢ 重建工具：可以将变形后的图像恢复为原始状态。

➢ 顺时针旋转扭曲工具：按住鼠标左键或拖移时顺时针旋转像素，如果同时按下Alt键，则以逆时针旋转像素。

➢ 褶皱工具：按住鼠标左键或拖移时使像素靠近画笔区域的中心。

➢ 膨胀工具：按住鼠标左键或拖移时使像素远离画笔区域的中心。

➢ 左推工具：可以移动像素。拖移可以使像素左移动，按住Alt键并拖移将使像素右移。

➢ 冻结蒙版工具：保护预览图像中的区域以免被进一步编辑，可以选择该工具并在区域中拖移。

➢ 解冻蒙版工具：可以解冻冻结区域，在被冻结处拖移鼠标，即可将要解冻的区域解冻。

➢ 抓手工具：当视图超出预览窗口时，可以使用该工具拖移视图，以观看局部。

➢ 缩放工具：在预览窗口中单击可以将视图放大，按Alt键在视图中单击可以将视图缩小。

其主要步骤如下：

（1）Ctrl+J复制一层。通过钢笔工具将人物抠出，如图9.31所示。

图9.31

（2）执行“滤镜→液化”命令，弹出“液化”对话框。选择“向前变形工具”开始调整头部，将人物的特点尽可能的夸张，选中工具点击人物进行拖动，画笔大小可进行调整，如图9.32所示。

图9.32

（3）通过“冻结蒙版工具”，将头部全部涂抹上，这样在调整身体的时候，头部就不会受到影响了，如图9.33所示。

图9.33

（4）开始调整身体，让身体小些，调整的时候注意细节，需要耐心。点击确定回到图层，如图9.34所示。

图9.34

（5）找个背景放入内部，调整一下人物的边缘。修整完成后和背景层合并，如图9.35所示。

图9.35

9.3.4　消失点

1. 什么是消失点

使用“消失点”滤镜可以在包含透视平面（如建筑物侧面或任何矩形对象）的图像中进行透视校正编辑。通过使用消失点滤镜，所有编辑操作都将采用用户所处理平面的透视。

使用“消失点”滤镜命令，用户将以立体方式在图像中的透视平面上工作。当用户使用消失点来修饰、添加或移去图像中的内容时，结果将更加逼真。

2. 消失点的基本使用方法

（1）打开一张带有透视的图片，如图9.36所示。

图9.36

（2）从菜单栏中执行“滤镜→消失点”命令，弹出“消失点”对话框。

（3）选择“创建平面工具”，注意的是必须要单击4次，不能出现红色，显示红色的意思就是透视角度错误，如图9.37所示。正确为蓝色，如图9.38所示，移到合适的位置，单击确定之后再新建一个图层。

图9.37　错误

图9.38　正确

（4）然后打开一张玫瑰图片，在玫瑰图层上按Ctrl+A（全选）和Ctrl+C（复制），如图9.39所示。

图9.39

（5）再选中室外图片，执行“滤镜→消失点”命令，按Ctrl+V（粘贴）图片。

（6）用鼠标把粘贴的图片向透视框内拉动，图片会自动按透视显示，Ctrl+T可对图像进行自由变换大小，达到自己想要的效果之后单击确定。

（7）把玫瑰这层的混合模式改为“正片叠底”，如果图片与整体色调不搭，用色彩平衡或者其他调色方式进行调整，最后如图9.40所示。

图9.40

9.3.5 风格化滤镜

1. 什么是风格化滤镜

“风格化”滤镜通过置换像素和通过查找并增加图像的对比度，在选区中生成绘画或印象派的效果。

2. 风格化滤镜的基本使用方法

风格化子菜单的选项说明：

在使用“查找边缘”和“等高线”等突出显示边缘的滤镜后，可以应用“反相”命令使用彩色线条勾勒彩色图像的边缘或用白色线条勾勒灰度图像的边缘。

（1）查找边缘：使用显著的转换标识图像的区域，并突出边缘。像“描边等高线”滤镜一样，“查找边缘”使用相对于白色背景的黑色线条勾勒图像的边缘，这对生成图像周围的边界非常有用。

（2）等高线：查找主要亮度区域的转换并为每个颜色通道淡淡地勾勒主要亮度区域的转换，可以获得与等高线图中的线条类似的效果。

（3）风：在图像中放置细小的水平线条来获得风吹的效果，方向包括“风”“大风”用于获得更生动的风效果“飓风”使图像中的线条发生偏移。

（4）浮雕效果：通过将选区的填充色转换为灰色，并使用原填充色描画边缘，从而使选区显得凸起或压低。选项包括浮雕角度（−360度～+360度，−360度使表面凹陷，+360度使表面凸起）、高度和选区中颜色数量的百分比（1%～500%）。如果要在进行浮雕处理时保留颜色和细节，可以在应用“浮雕”滤镜之后使用“编辑”菜单中的“渐隐”命令。

（5）扩散：根据选中选项搅乱选区中的像素以虚化焦点，其中“正常”使像素随机移动（忽略颜色值）；“变暗优先”使用较暗的像素替换亮的像素；“变亮优先”使用较亮的像素替换暗的像素；“各向异性”在颜色变化最小的方向上搅乱像素。

（6）拼贴：将图像分解为一系列拼贴，使选区偏离其原来的位置。可以选取下列对象之一填充拼贴之间的区域：背景色、前景色、反向图像或未改变的图像，它们使拼贴的版本位于原版本之上并露出原图像中位于拼贴边缘下面的部分。

（7）曝光过度：混合负片和正片图像，类似于显影过程中将摄影照片短暂曝光。

（8）凸出：赋予选区或图层一种3D纹理效果。

使用“风格化”子菜单中的对象，分别对原图像进行处理过的效果对比，如图9.41～9.49所示。

图9.41　原始图像

图9.42　查找边缘

图9.43　等高线

图9.44　风

图 9.45　浮雕效果

图 9.46　扩散

图 9.47　拼贴

图 9.48　曝光过度

图 9.49　凸出

9.3.6　模糊滤镜

1. 什么是模糊滤镜

通过平衡图像中已定义的线条和遮蔽区域的清晰边缘旁边的像素，使变化显得柔和。

2. 模糊滤镜的基本使用方法

模糊滤镜子菜单的选项说明：

（1）表面模糊：在保留边缘的同时模糊图像。用于创建特殊效果并消除杂色或粒度。其中“半径”选项指定模糊取样区域的大小，“阈值”选项控制相邻像素色调值与中心像素值差多大时才能成为模糊的一部分。

（2）动感模糊：沿指定方向（−360度～+360度）以指定强度（1～999）进行模糊。

（3）方框模糊：基于相邻像素的平均颜色值来模糊图像。

（4）高斯模糊：使用可调整的量快速模糊选区。

（5）进一步模糊：在图像中有显著颜色变化的地方消除杂色，效果比“模糊”滤镜强3～4倍。

（6）径向模糊：模拟缩放或旋转的相机所产生的模糊，产生一种柔化的模糊。选取“旋转”将沿同心圆环线模糊，然后指定旋转的度数。

（7）镜头模糊：向图像中添加模糊以产生更窄的景深效果，以便使图像中的一些对象在焦点内，而使另一些区域变模糊。

（8）模糊：通过平衡已定义的线条和遮蔽区域的清晰边缘旁边的像素，使变化显得柔和。

（9）平均：找出图像或选区的平均颜色，然后用该颜色填充图像或选区以创建平滑的外观。

（10）特殊模糊：精确地模糊图像。可以指定半径、阈值和模糊品质。

（11）形状模糊：使用指定的内核来创建模糊。从自定形状预设列表中选取一种内核，并使用“半径”滑块来调整其大小。

使用“模糊”子菜单中的对象，分别对原图像进行处理过的效果对比，如图9.50 ~ 9.61所示。

图9.50　原图像

图9.51　表面模糊

图9.52　动感模糊

图9.53　方框模糊

图9.54　高斯模糊

图9.55　进一步模糊

图9.56　径向模糊

图9.57　镜头模糊

图9.58　模糊

图9.59　平均

图9.60　特殊模糊

图9.61　形状模糊

9.3.7　扭曲滤镜

1.什么是扭曲滤镜

可以将图像进行几何扭曲，创建3D或其他整形效果，但是这些滤镜可能占用大量内存。

2. 扭曲滤镜的基本使用方法

扭曲滤镜子菜单的选项说明：

（1）波浪：其工作方式类似于“波纹”，但可进一步控制。

（2）波纹：在选区上创建波状起伏的图案，像水池表面的波纹。

（3）极坐标：根据选中的选项，将选区从平面坐标转换到极坐标，或将选区从极坐标转换到平面坐标。

（4）挤压：挤压选区。正值（最大值是100%）将选区向中心移动；负值（最小值是−100%）将选区向外移动。

（5）切变：沿一条曲线扭曲图像。通过拖移框中的线条来指定曲线。可以调整曲线上的任何一点，点按“默认”可将曲线恢复为直线。

（6）球面化：通过将选区折成球形、扭曲图像以及伸展图像以适合选中的曲线，使对象具有3D效果。

（7）水波：根据选区中像素的半径将选区径向扭曲。

（8）旋转扭曲：旋转选区，中心的旋转程度比边缘的旋转程度大。指定角度时可生成旋转扭曲图案。

（9）置换：使用名为置换图的图像确定如何扭曲选区。

使用“扭曲”子菜单中的对象，分别对原图像进行处理过的效果对比，如图9.62～9.71所示。

图9.62　原图像

图9.63　波浪

图9.64　波纹

图9.65　极坐标

图9.66　挤压

图9.67　切变

图9.68　球面化

图9.69　水波

图9.70　旋转扭曲

图9.71　置换

9.3.8　锐化滤镜

1. 什么是锐化滤镜

通过增加相邻像素的对比度来聚焦模糊的图像。

2. 锐化滤镜的基本使用方法

锐化滤镜子菜单的选项说明：

（1）USM锐化：查找图像中颜色发生显著变化的区域，调整边缘细节的对比度，并在边缘的每侧生成一条亮线和一条暗线，然后将其锐化。

（2）进一步锐化：比“锐化”滤镜应用更强的锐化效果。

（3）锐化：聚焦选区并提高其清晰度。

（4）锐化边缘：只锐化图像的边缘，同时保留总体的平滑度。使用此滤镜在不指定数量的情况下锐化边缘。

（5）智能锐化：通过设置锐化算法来锐化图像，或者控制阴影和高光中的锐化量。

使用“锐化”子菜单中的对象，分别对原图像进行处理过的效果对比，如图9.72～9.77所示。

图9.72　原图像

图9.73　USM锐化

图9.74　进一步锐化

图9.75　锐化

图9.76　锐化边缘

图9.77　智能锐化

9.3.9　像素化滤镜

1. 什么是像素化滤镜

通过使单元格中颜色值相近的像素结成块来清晰地定义一个选区。

2. 像素化滤镜的基本使用方法

像素化滤镜子菜单的选项说明：

（1）彩块化：使纯色或相近颜色的像素结成相近颜色的像素块，使扫描的图像看起来像手绘图像，或使现实主义图像类似抽象派绘画。

（2）彩色半调：它模拟在图像的每个通道上使用放大的半调网屏的效果。对于每个通道滤镜将图像划分为矩形，并用圆形替换每个矩形。圆形的大小与矩形的亮度成比例。

（3）点状化：将图像中的颜色分解为随机分布的网点，如同点状化绘画一样，并使用背景色作为网点之间的画布区域。

（4）晶格化：使像素结块形成多边形纯色。

（5）马赛克：使像素结为方形块。给定块中的像素颜色相同，块颜色代表选中的颜色。

（6）碎片：创建选区中像素的四个副本，将它们平均，并使其相互偏移。

（7）铜版雕刻：将图像转换为黑白区域的随机图案或彩色图像中完全饱和颜色的随机图案。

使用“像素化”子菜单中的对象，分别对原图像进行处理过的效果对比，如图9.78～9.85所示。

图9.78　原图像

图9.79　彩块化

图9.80　彩色半调

图9.81　点状化

图9.82　晶格化

图9.83　马赛克

图9.84　碎片

图9.85　铜版雕刻

9.3.10　渲染滤镜

1. 什么是渲染滤镜

可以在图像中创建3D形状、云彩图案，折射图案和模拟的光反射效果，也可以从灰度文件创建纹理填充以产生类似3D的光照效果。

2. 渲染滤镜的基本使用方法

渲染滤镜子菜单的选项说明：

（1）分层云彩：使用随机生成的介于前景色与背景色之间的值，生成云彩图案。

（2）光照效果：在图像上制作各种光照效果。

（3）镜头光晕：模拟亮光照射到相机镜头所产生的折射。通过点按图像缩览图的任一位置或拖移其十字线指定光晕中心的位置。

（4）纤维：使用前景色和背景色创建编织纤维的外观。可以使用“差异”滑块来控制颜色的变化方式，较低的值会产生较长的颜色条纹，而较高的值会产生非常短且颜色分布变化更大的纤维。其中的“强度”滑块控制每根纤维的外观，低设置会产生松散的织物，高设置会产生短的绳状纤维。点按“随机化”按钮可更改图案的外观，可多次点按该按钮，直到看到喜欢的图案。

（5）云彩：使用介于前景色与背景色之间的随机值，生成柔和的云彩图案。如果要生成色彩较为分明的云彩图案，可按住Alt键，然后在菜单栏中执行“滤镜→渲染”命令。

使用“渲染”子菜单中的对象，分别对原图像进行处理过的效果对比，如图9.86～9.91所示。

图9.86　原图像

图9.87　分层云彩

图9.88　光照效果

图9.89　镜头光晕

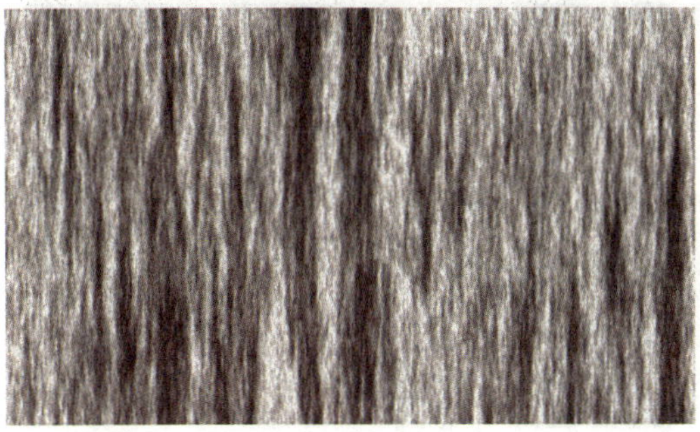

图9.90　纤维

图9.91　云彩

9.3.11　杂色滤镜

1. 什么是杂色滤镜

“杂色滤镜”可以添加或移去杂色或带有随机分布色阶的像素，有助于将选区混合到周围的像素中。

2. 杂色滤镜的基本使用方法

杂色滤镜子菜单的选项说明：

（1）减少杂色：在基于影响整个图像或各个通道的用户设置保留边缘的同时减少杂色。

（2）蒙尘与划痕：通过更改相异的像素减少杂色。

（3）去斑：检测图像的边缘（发生显著颜色变化的区域）并模糊除那些边缘外的所有选区。该模糊操作会移去杂色，保留细节。

（4）添加杂色：将随机像素应用于图像，减少羽化选区或渐进填充中的条纹，或使经过重大修饰的区域看起来更真实。

（5）中间值：通过混合选取中像素的亮度来减少图像的杂色，搜索像素选区的半径范围以查找亮度相近的像素，扔掉与相邻像素差异太大的像素，像素的中间亮度值替换中心像素。

使用“杂色”子菜单中的对象，分别对原图像进行处理过的效果对比，如图9.92~9.97所示。

图9.92　原图像

图9.93　减少杂色

图9.94　蒙尘与划痕

图9.95　去斑

图9.96　添加杂色

图9.97　中间值

9.3.12 使用其他滤镜处理图像

1. 什么是其他滤镜处理图像

“其他”子菜单中的滤镜允许用户创建自己的滤镜，使用滤镜修改蒙版，在图像中使选区发生位移和快速调整颜色。

2. 其他滤镜的基本使用方法

其他滤镜子菜单的选项说明：

（1）高反差保留：在有强烈颜色转变发生的地方按指定的半径保留边缘细节，并且不显示图像的其余部分。对于从扫描图像中取出的艺术线条和大的黑白区域非常有用。

（2）位移：将选区移动指定的水平量或垂直量，而选区的原位置变成空白区域。用户可以使用当前背景色、图像的另一部分填充这块区域，或者如果选区靠近图像边缘，也可以使用所选择的填充内容进行填充。

（3）自定：使用户可以设计自己的滤镜效果。可以更改图像中每个像素的亮度值，可以根据周围的像素值为每个像素重新指定一个值，此操作与通道的加、减计算类似。

（4）最大值：具有应用阻塞的效果，展开白色区域和阻塞黑色区域，对于修改蒙版非常有用。

（5）最小值：具有伸展的效果，展开黑色区域和收缩白色区域。

使用“其他”子菜单中的对象，分别对原图像进行处理过的效果对比，如图9.98～9.103所示。

图9.98　原图像

图9.99　高反差保留

图9.100　位移

图9.101　自定

图9.102　最大值

图9.103　最小值

9.4 外置滤镜

9.4.1 什么是外置滤镜

外置滤镜是由其他厂商开发的滤镜，它们需要安装在Photoshop中才能使用，这些滤镜称为外置滤镜。

9.4.2 安装外置滤镜

外置滤镜与一般程序的安装方法基本相同，只要注意应将其安装在Photoshop的Plug-in目录下，否则将无法直接运行滤镜。有些小的外置滤镜手动复制到plug-in文件夹中便可使用。安装完成以后，重新运行Photoshop，在“滤镜”菜单的底部便可以看到它们。

总结

通过效果对比，对内置滤镜的应用进行了全面讲解。应用“滤镜”菜单中的各命令可以创建出各种奇特的效果。各个滤镜进行不同参数的设置，观看其效果的变化，从而掌握其规律做到要制作哪种效果就能想到用哪个命令。

作业

1. 哪个滤镜可将全景图或使用鱼眼和广角镜头拍摄的照片中的弯曲线条迅速拉直，以移去扭曲？

2. 哪个滤镜能模拟亮光照射到相机镜头所产生的折射。通过点按图像缩览图的任一位置或拖移其十字线，指定光晕中心的位置？

3. 运用“滤镜”的各个命令做出如图9.104、图9.105、图9.106所示效果。

图9.104

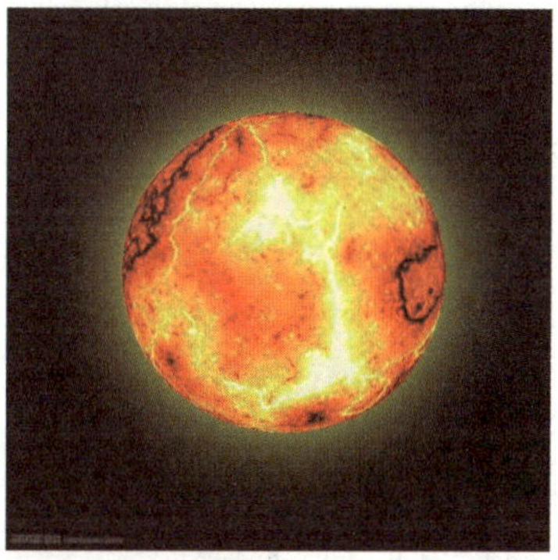

图9.105

图9.106

扩展练习

运用滤镜实现如图9.107所示效果。

图9.107

第10章　网页创建与动画制作

学习目标

网页的认识

动画的认识

预习任务

1. 把下图的网页进行切片。

制作前

制作后

2. 通过下面两张图制作简单的动画闪动效果。

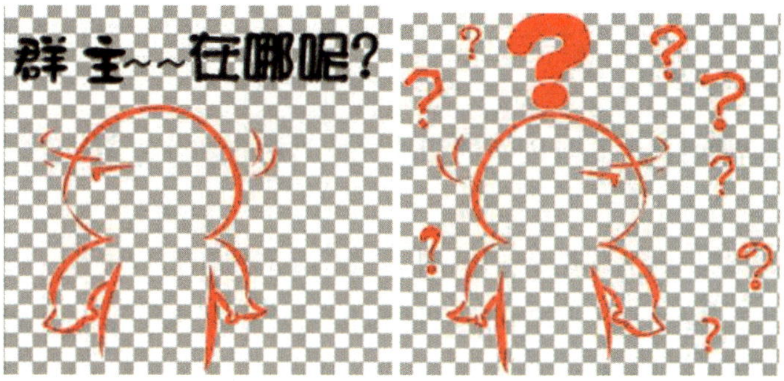

10.1　网页的基本概念

网页是构成网站的基本元素，是承载各种网站应用的平台。文字与图片是构成一个网页的两个最基本的元素。

10.2　切片工具的认识

一个网站打开的速度取决于服务器的响应速度和你的网站网页的大小，抛开服务器响应速度不说，单讲网站网页的大小，网页占用的字节越大，网页打开越慢；反之，则越快。如果你做好了一张专题效果图（没有用切片切好的话），直接放到网站上去，那么要整张图片全部“解析"完成之后整个专题页才会显示，这个过程等待的时间是相当长的，还没等你的网页打开，访问者就离开了。

在Photoshop中，使用切片工具创建的切片称作为用户切片，通过图层创建的切片称作基于图层的切片。

创建新的用户切片或基于图层的切片时，会生成附加的自动切片来占据图像的其余区域，自动切片可填充图像中用户切片或基于图层的切片未定义的空间。每次添加或编辑用户切片或基于图层的切片时，都会重新生成自动切片。用户切片和基于图层的切片由实线定义，而自动切片则由虚线定义。

10.2.1　切片工具的应用

1. 制作切片

首先，把参考线（Ctrl+R）调整显示出来，调整出需要切割的区域。

要切割图片，首先要选择工具箱中的“切片工具”，在图像窗口中单击左键并拖动，即可以制作出切片，如图10.1所示。

图10.1

2. 调整切片的位置尺寸

在工具箱中选择“切片选择工具”，然后将光标移动到切片区单击左键并拖动，实现切片的移动。将光标移动到切片边界单击左键并拖动，实现切片尺寸的调整，如图10.2所示。

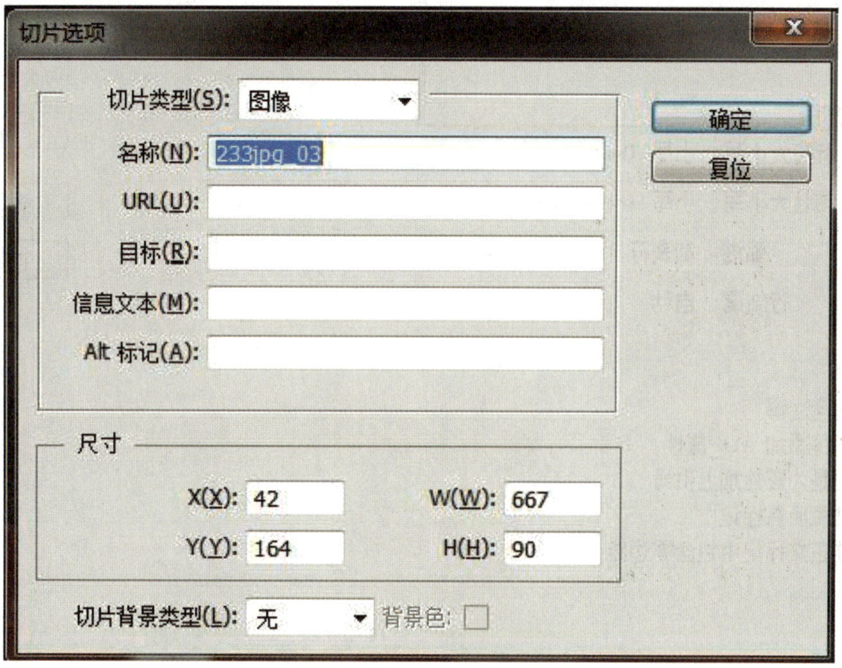

图10.2

3. 删除切片

在选中切片工具的状态下，右键删除，或者按Delete键。

10.2.2 网页保存类型

在“存储为Web所用格式”的对话框中，可以设置选项的下拉列表中选择一个选项“编辑输出设置”，打开“输出设置”对话框，对话框中可以控制如何设置HTML文件的格式、如何命名文件和切片，以及在存储优化图像时如何处理背景图像，如图10.3、图10.4所示。

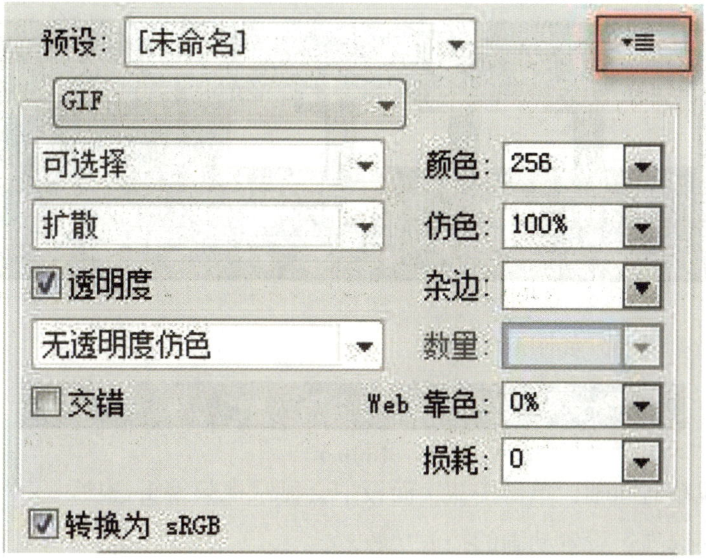

图10.3

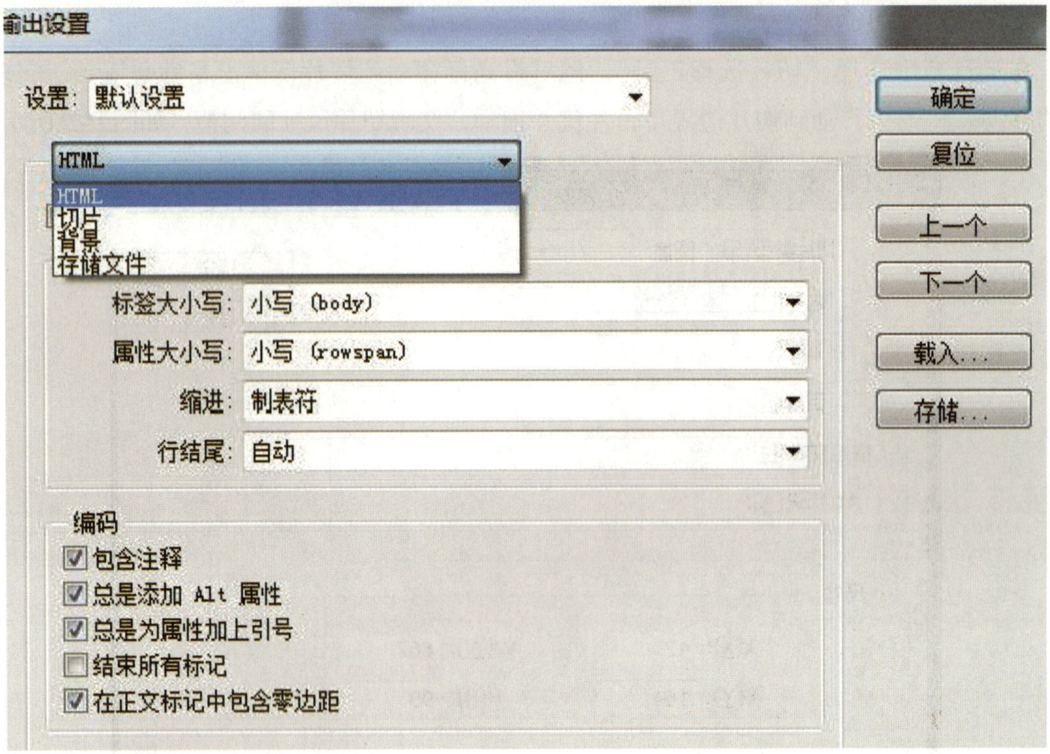

图 10.4

10.3　动画的概念

动画是在一段时间内显示的一系列图像或帧，当每一帧较前一帧都有轻微的变化时，连续、快速地显示这些帧就会产生运动或其他变化的视觉效果。

10.3.1　动画制作窗口的认识

打开“时间轴”面板，如果面板为时间轴模式，可单击左下角的“转换为帧动画”，切换为帧模式。“时间轴”面板会显示动画中的每个帧的缩览图，使用面板底部的工具可浏览各个帧，设置循环选项，添加和删除帧以及预览动画，如图 10.5 所示。

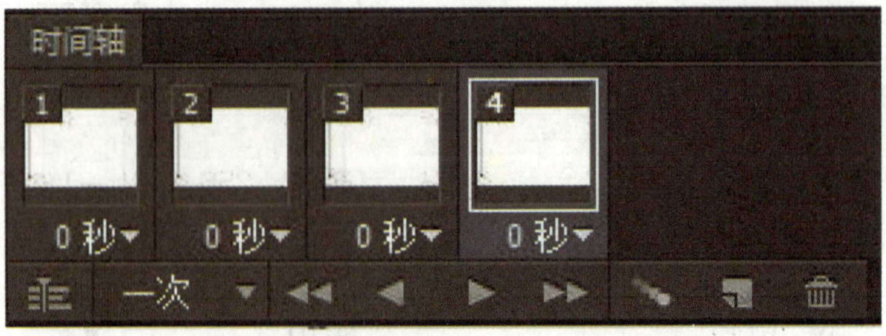

图 10.5

底部工具条选项说明，如图 10.6 所示。

图 10.6

（1）转换为视频时间轴：单击按钮，面板中会显示视频编辑选项。

（2）选择循环选项：设置动画的播放次数。

（3）选择第一帧：单击该按钮，可自动选择序列中的第一个帧作为当前帧。

（4）选择上一帧：单击该按钮，可选择当前帧的前一帧。

（5）播放动画：单击该按钮，可在窗口中播放动画，再次单击则停止播放。

（6）选择下一帧：单击该按钮，可选择当前帧的下一帧。

（7）过渡动画帧：如果在两个现有帧之间添加一系列过渡帧，并让新帧之间的图层属性均匀变化，可单击该按钮。

（8）复制所选帧：单击该按钮，可向面板中添加帧。

（9）删除所有帧：可删除当前选择的帧。

10.3.2 动画制作的基本操作

众所周知，动画是由多幅画面组成的，其中每一幅画面称为一个动画帧。在网络世界中最常用的动画格式是GIF格式，要创建动画，需要打开一个多层图像文件，通过创建新帧和对层进行编辑，来制作动画。每一个图层中动画中都是一个独立的对象，对图层所做的更改，如隐藏、显示或移动，使用不透明度或效果都会体现在每个帧中。

下面通过一个实例来说明其制作过程，制作星星闪烁的具体操作步骤如下：

（1）打开一张图作为背景，如图10.7所示。

图10.7

（2）新建图层制作星星，并复制多个，如图10.8、图10.9所示。

图10.8

图 10.9

（3）制作动画，调出动画，执行“窗口→时间轴”。

（4）点击复制所有帧，分别把图层里面的星星进行隐藏和显示。

（5）如果要循环播放，就把选择循环选项改为永远。

（6）保存动画，执行“文件→另存为 Web 所用格式”，点击存储，保存默认设置，如图 10.10 所示。

图 10.10

总结

随着因特网的迅速发展，网页制作非常盛行。这里对网页创建的切片和制作动画的应用进行了全面讲解。应用切片工具可以切划出自己想要的部分，对动画进行制作也进行了讲解，感受到用Photoshop可以很轻松地制作出网页图像、网页动画和网页。

作业

1. 把图10.11切片后输出为Web网页。

图10.11

2. 制作个人网页，切片后输出为Web网页，如图10.12所示。

图10.12

3. 制作一个松鼠的GIF小动画，如图10.13所示。

图10.13

扩展练习

制作如图 10.14 所示的效果。

图 10.14

上机部分

上机1 初识Photoshop

上机任务

任务1　绘制十二色块

任务2　制作八张两寸的图片

任务3　制作明度色块变化

任务4　将一张人物图片改为一寸图片

第1阶段　指导

指导1　绘制十二色块

完成本任务所用到的主要知识点：

➢ 矩形选框工具

➢ 颜色填充

问题

绘制十二色块效果如图上机1.1所示。

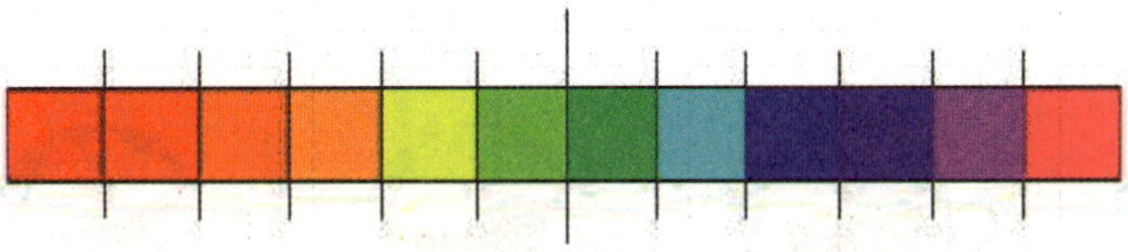

图上机1.1　十二色块

分析

在十二色块制作中会用到工具箱中的一些工具，已认识界面的情况下，也认识一些工具的基本应用，在制作本案例的同时也认识一下常见的颜色，同时也为色彩搭配打下基础。

解决方案

（1）新建一个空白文件。

（2）选择矩形选框工具，绘制十二个大小统一的格子并排。

（3）选择工具箱中填充工具选择十二种不同颜色，并分别填充到十二个格子中。

（4）查阅资料，写出图上机1.1中颜色名称。

指导2　制作八张两寸的照片

完成本任务所用到的主要知识点：

➢ 文档大小的设置

➢ 多个文档之间的操作

➢ 复制图片

问题

将图上机1.2所示的一张普通照片，制作成如图上机1.3所示效果。

图上机1.2　普通照片

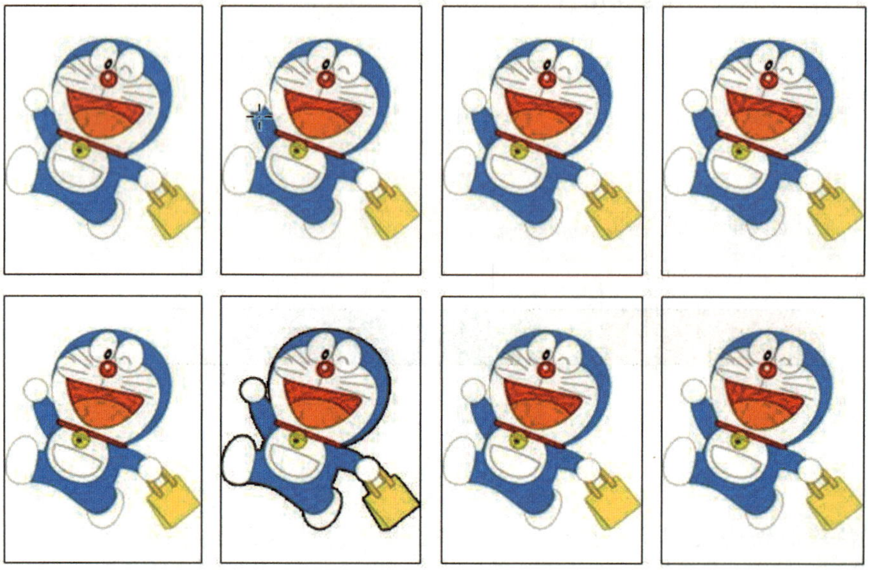

图上机1.3　制作效果

分析

照片尺寸大小的改变在日常生活中用的非常广泛，其方法都是先裁切需要的部分，再修改图像大小，就可以改变图像。

解决方案

（1）打开一张图片。

（2）运用裁剪工具，选择照片头部，按确认键裁剪。

（3）在图像菜单中选择图像大小，可以修改图片尺寸，如果要制作一寸或两寸照片，可以输入相应的尺寸即可。

（4）新建一个空白文件。

（5）把裁切的图片用移动工具拖动到空白文档中。

（6）按Alt+鼠标左键拖动复制图片张数，放置到相应的位置。

第2阶段　练习

练习1　制作明度色块变化

问题

制作明度色块变化，颜色可以自定义。

提示

可以参考本章指导1。

练习2　将一张人物图片改为一寸照片

问题

给一张人物图片用裁切和图像大小，改为一寸照片。

提示

可以参考本章指导2。

上机2 图层与选择功能

上机任务

任务1 绘制英国国旗

任务2 制作米老鼠头像

任务3 制作交叉双菱形

任务4 绘制叮当猫

第1阶段 指导

指导1 绘制英国国旗

完成本任务所用到的主要知识点：

- 矩形选框工具
- 自由变换
- 上色
- 图层顺序

问题

绘制英国国旗效果如图上机2.1所示。

图上机2.1 英国国旗

分析

通过观察可以发现整体造型均由矩形构成，局部有倾斜效果。因此只需绘制好合适的矩形大小，填充颜色，局部执行自由变换操作即可，注意观察图层顺序。

解决方案

（1）新建一个空白文件，吸管吸取蓝色，填充。

（2）选择矩形选框工具，绘制两个合适大小矩形块，一红一白，注意图层顺序。

（3）复制两个矩形块，自由变换旋转90°。

（4）水平方向绘制一个白色矩形块，自由变换旋转，缩放大小，复制一个旋转至另一侧。

（5）分别绘制四个小矩形，调整图层顺序及位置。

指导2　绘制米老鼠头像

完成本任务所用到的主要知识点：

- 椭圆选框工具
- 上色
- 图层顺序

问题

如何利用所学绘制如图上机2.2所示米老鼠头像。

图上机2.2　米老鼠

分析

卡通形象跟我们的童年生活密不可分，如何将我们熟悉的卡通人物绘制出来，此次米老鼠头像相对较简单，整体造型由圆构成，只要注意大小比例，图层顺序即可实现。

解决方案

（1）新建文档宽800px，高600px，分辨率72ppi。

（2）新建图层，绘制正圆作为头部，依次绘制两个大小一致的正圆作为耳朵。

（3）新建图层，绘制脸颊眼眶。

（4）新建图层，绘制眼睛鼻子嘴巴。

第2阶段　练习

练习1　制作交叉双菱形

问题

制作如图上机2.3所示的交叉双菱形效果。

图上机2.3

提示

可以参考本章指导1。

练习2 绘制叮当猫

问题

如何利用所学绘制叮当猫，如图上机2.4所示。

图上机2.4

提示

可以参考本章指导2。

上机3 绘图与路径

上机任务

任务1 水晶彩带造型图标

任务2 心形枫叶

任务3 蓝色水晶心形

任务4 漂亮的粒子光心形

第1阶段 指导

指导1 水晶彩带造型图标

完成本任务所用到的主要知识点：

- 钢笔工具
- 渐变

问题

水晶彩带造型如图上机3.1所示。

图上机3.1

分析

效果图为多层次的图标，有表面、背面及叠加面。制作的时候先画出整体轮廓，然后按照不同的面慢慢去细化即可。

解决方案

(1) 新建一个800×600像素的文件，背景填充为黑色。

(2) 用钢笔工具勾勒轮廓，添加渐变效果。依次勾勒正面形状/添加渐变叠加效果/勾勒背面形状添加效果，如图上机3.2所示。

图上机3.2

（3）增加厚度，稍微错开第一步所绘制的轮廓，用钢笔重新勾勒一层，留下一些第一步绘制的轮廓边缘。添加渐变叠加效果，如图上机3.3所示。

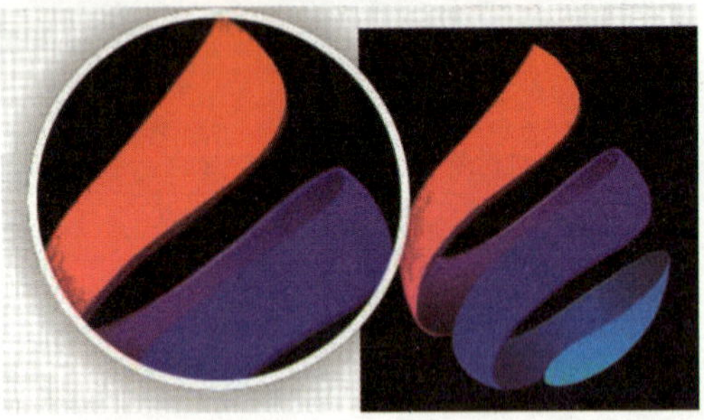

图上机3.3

（4）用钢笔工具勾勒正面，切面亮光部分、反光部分，添加效果，如图上机3.4所示。

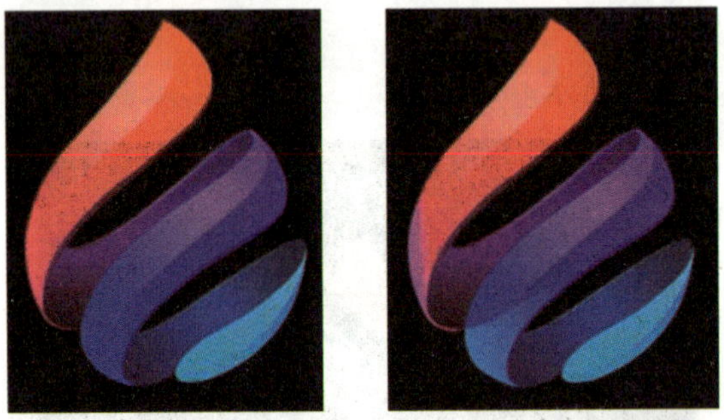

图上机3.4

（5）用钢笔工具勾勒高光部分，绘制投影，添加效果，如图上机3.5所示。

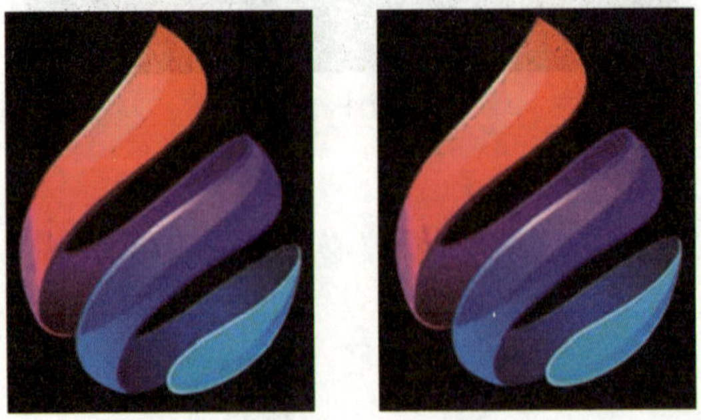

图上机3.5

指导2　心形枫叶

完成本任务所用到的主要知识点：

- 钢笔工具
- 路径面板
- 画笔面板

问题

如何将利用所学得到如图上机3.6所示效果图。

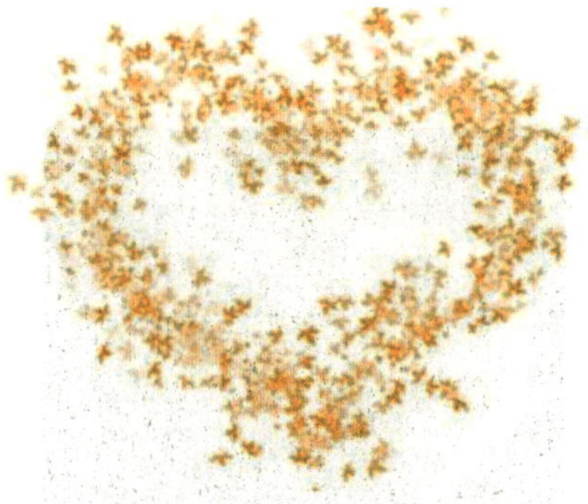

图上机3.6　效果图

分析

使用画笔效果跟随路径描边这一技巧，可以绘制出很多丰富的效果。只需绘制好所需路径，画笔面板调整好画笔笔刷效果即可。

解决方案

（1）利用路径相关工具绘制好桃心形状路径。

（2）选择画笔工具，快捷键F5打开画笔面板，选择所需画笔笔触，调整好对应参数。

（3）新建图层，设置好前景色，打开路径面板，点击画笔描边路径。

第2阶段　练习

练习1　蓝色水晶心形

问题

蓝色水晶心形如图上机3.7所示。

图上机3.7　蓝色水晶心形

提示

可以参考本章指导1制作水晶彩带造型图标。

练习2　漂亮的粒子光心形

问题

漂亮的粒子光心形，如图上机3.8所示。

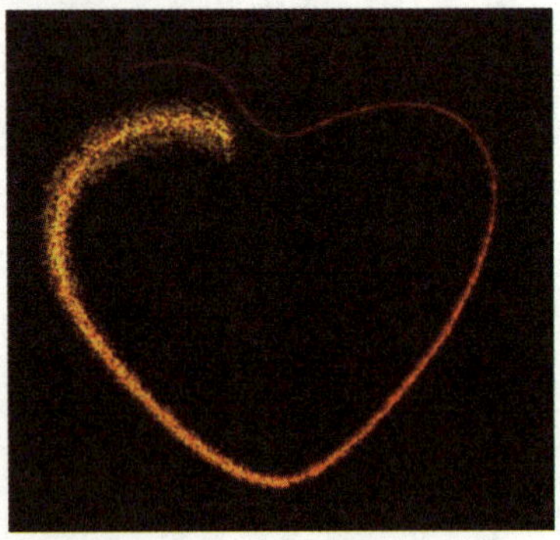

图上机3.8

提示

可以参考本章指导2制作心形枫叶。

上机4　绘画工具

上机任务

任务1　绘制个性海报

任务2　绘制彩虹

任务3　制作喷墨海报

任务4　制作梦幻花瓣

第1阶段　指导

指导1　绘制个性海报

完成本任务所用到的主要知识点：

➢ 画笔笔刷

➢ 选区操作

问题

如何利用喷墨素材快速制作个性海报效果，如图上机4.1所示。

图上机4.1　个性海报

分析

观察图上机4.1分析发现我们需要两种素材，一个是像墨滴一样的形状，另一个需要的图像。有了这两种素材结合选区的基本操作就能够实现。

解决方案

（1）新建一个空白文件。

（2）选择画笔工具，把下载好的喷墨笔刷载入画笔。

（3）利用画笔笔刷绘制合适大小的喷墨图样，填充任意颜色。

（4）导入找好的海报素材，调整好合适的位置。

（5）载入喷墨图样的选区，按住Ctrl+鼠标左键点缩略图。

（6）反选Ctrl+Shift+I，选中海报素材图层Delete删除。

（7）加上文字点缀即可。

指导2　绘制彩虹

完成本任务所用到的主要知识点：

- 渐变工具
- 多个文档之间的操作
- 复制图片

问题

如何为图上机4.2所示的一张风景图添加上彩虹效果，制作成如图上机4.3所示效果。

图上机4.2　普通照片

图上机4.3　最终效果图

分析

生活中拍摄的照片会因为天气的原因，可能在光线色彩上美中不足，我们需要通过适当的图像调整或者简单的合成以弥补欠缺，如何为其添加一轮彩虹，营造雨后天晴的效果。只需要得到圆环，加以渐变，修剪到局部即可。

解决方案

（1）打开素材图片，创建一个新图层。

（2）在工具栏选择渐变工具，打开渐变编辑器，选择七彩虹条纹渐变，七彩色位全部移到中间位置，挤压，七彩条纹渐变羽化钮也移至中间位置，与下面色位一致。

（3）选择渐变工具中的径向渐变方式，从图中间向上拉线，出现七彩色圆环，变形放大。

（4）用多边形套索工具框住七彩圆环下半部，羽化半径100。

（5）彩虹高斯模糊半径100，彩虹不透明度改为：25%，用变形工具拉伸彩虹。

第2阶段　练习

练习1　制作喷墨海报

问题

利用画笔工具制作如图上机4.4效果图。

图上机4.4　最终效果图

提示

可以参考本章指导1绘制个性海报。

练习 2　制作梦幻花瓣

问题

利用渐变工具制作梦幻花瓣，如图上机4.5所示效果图。

图上机4.5　最终效果图

提示

可以参考本章指导2绘制彩虹。

上机5 修饰与修复图像

上机任务

任务1　修复老照片

任务2　修复照片

任务3　去除水印效果

第1阶段　指导

指导1　修复老照片

完成本任务所用到的主要知识点：

- 修复画笔工具
- 按住Alt键吸取源目标
- 释放Alt键进行修复

问题

我们学习了修复画笔工具，也知道了工具的使用方法，现在使用它进行老照片的修复，如图上机5.1所示。

原图　　效果图

图上机5.1　使用修复画笔工具修复老照片

分析

从图上机5.1可以看出如果要修复这张老照片，则需要用到Photoshop里面的修复画笔工具进行修复。

解决方案

（1）在工具箱中选择“修复画笔工具”。

（2）然后在原图中调整笔触大小，在有需要修复的位置的旁边按住Alt键吸取完整的效果。

（3）然后松开Alt键，放置在要修复的区域的上面点按左键即可。

指导2　修复照片

完成本任务所用到的主要知识点：

➢ 修补工具

➢ 仿制图章工具

问题

我们学习了修补工具和仿制图章工具，也知道了两个工具的使用方法，现在结合两个工具去除其他不需要的人物，如图上机5.2所示。

原图

效果图

图上机5.2　修复照片

分析

从图上机5.2可以看出如果要修复这张照片，则需要用到Photoshop里面的修补工具和仿制图章工具。结合两个工具的使用即可。

解决方案

（1）在工具箱中选择“修补工具”。

（2）然后在属性栏上方选择“源”，将不需要的地方用选区框选出来。

（3）然后将选区拖拽至跟原图相匹配的地方松开即可。

（4）个别地方需要用到仿制图章工具进行内容修复。

第2阶段 练习

练习1 去除水印效果

问题

结合以上所学知识点，去除图片的水印，效果图如图上机5.3、图上机5.4所示。

图上机5.3 原图

图上机5.4 处理一部分的效果

提示

可以参考本章中其他去除人物的例子。

上机6 图层样式

上机任务

任务1 制作珠光文字

任务2 制作用户登录界面

任务3 制作用魔幻星空

第1阶段 指导

指导1 制作珠光文字

完成本任务所用到的主要知识点：

➢ 圆角矩形工具

➢ 椭圆工具

➢ 图层、图层样式

问题

前面我们学习了文字工具和图层样式，现在我们使用这两个工具来制作珠光文字，如图上机6.1所示。

图上机6.1 珠光文字

分析

从图上机6.1可以看出它们分别有文字、渐变背景和发光的星星组成，还有一些发光效果。现在综合这些效果我们去制作一个珠光文字。

解决方案

（1）新建一个1000×600像素文档，将背景放置在其中。

（2）打开文字素材，对它执行图层样式的调整，比如斜面和浮雕、描边、图案叠加、内外发光、光泽、内阴影、投影。

（3）再绘制一个桃心，执行与文字素材相同的图层样式，再添加一个颜色叠加为红色并降低透明度。

指导2　制作用户登录界面

完成本任务所用到的主要知识点：

- 图层顺序
- 图层样式
- 图层的混合模式

问题

我们学习了图层的基本操作，包括顺序、图层样式、混合模式，现在综合的使用它们制作一个用户登录界面，如图上机6.2所示。

图上机6.2　用户登录界面

分析

从图上机6.2可以看出如果要制作这个登录界面，则需要用到Photoshop里面的图层顺序、图层样式中的投影发光、图像翻转、渐变等效果。结合这些工具的使用即可。

解决方案

（1）图层顺序是一层一层叠加在一起的，往上一层或者往下一层直接拖拽即可。也可使用快捷键：Ctrl+“{”向下一层，Ctrl+“}”向上一层。

（2）然后在相应的图层绘制相应的形状。

（3）再使用图层样式添加投影发光效果。

（4）将中间的登录界面合并一个图层出来翻转后做倒影。

第2阶段　练习

练习1　制作魔幻星空

问题

结合所学知识点，制作魔幻星空，效果图如图上机6.3所示。

图上机6.3　效果图

提示

熟练使用钢笔工具抠图，并合理运用图层混合模式进行调色。

上机 7　图像色彩调整

上机任务

任务 1　调整图片视觉冲击力

任务 2　人像处理

任务 3　打造春天变冬天效果

第 1 阶段　指导

指导 1　调整图片视觉冲击力

完成本任务所用到的主要知识点：

- ➢ 亮度/对比度
- ➢ 去色
- ➢ 图层混合模式

问题

前面我们学习了图像的色彩调整，现在我们来使用调色工具处理一张有视觉冲击感的效果图，如图上机 7.1、图上机 7.2 所示。

图上机 7.1　原图

图上机7.2 效果图

分析

这张照片在没有P过前已经很不错了，但是还是少了一些视觉冲击力。所以稍微给它进行一些颜色的处理就好了。

解决方案

（1）首先要做的是增加对比度。增加对比度方法：执行“图像→调整→亮度/对比度”。对比度为20，亮度不变。

（2）然后再复制该图层，按Shift+Ctrl+U，将照片副本去色。

（3）黑白图层混合模式设为“叠加”，60%不透明。

（4）最后使用画笔稍微涂抹一下左下角，到达理想的效果即可。

指导2　人像处理

完成本任务所用到的主要知识点：

- 曲线
- 滤镜

问题

前面我们学习了图像的色彩调整，我们可以使用它进行人物磨皮。如图上机7.3、图上机7.4所示。

图上机7.3　原图

图上机7.4　处理后

分析

从图上机7.3可以看出，原图片的红色信息太多，所以可以通过色相调整里面的曲线进行调整。再执行减少杂色达到图7.4的效果。

解决方案

（1）选择“图像→调整→曲线”打开曲线面板。

（2）然后在通道中对R、G、B三个通道颜色分别进行调整，去掉红色信息。然后整体调亮。

（3）最后给图像加上“照片滤镜”和“色相饱和度”的色彩调整。

第2阶段　练习

练习　打造春天变冬天效果

问题

结合以上所学知识点打造春天变冬天的效果。如图上机7.5、图上机7.6所示。

图上机7.5　原图

图上机7.6 处理后

提示

可以参考本章课堂上橘子熟了的处理方法。

上机8　蒙版与通道

上机任务

任务1　通道磨皮
任务2　通道抠图
任务3　蒙版抠图
任务4　人物换脸
任务5　人脸祛斑

第1阶段　指导

指导1　通道磨皮

完成本任务所用到的主要知识点：

➢ 通道
➢ 滤镜
➢ 应用图像

问题

前面我们学习了通道抠图和通道磨皮，现在我们使用通道磨皮对人脸进行处理，如图上机8.1、图上机8.2所示。

图上机8.1　原图

图上机8.2　效果图

分析

这张照片人物的脸部皮肤太过糟糕，我们必须先在通道里面对图像进行初步处理，再进行颜色处理。

解决方案

（1）首先要先执行Ctrl+Alt+2（选中高光区）然后反选得到需要调整的区域将它调亮，按Shift+Ctrl+U，将照片副本去色。

（2）然后在通道中选中对比最大的一个，执行高反差保留。

（3）最后得到斑点皮肤执行减少杂色并调整即可。

指导2　通道抠图

完成本任务所用到的主要知识点：

➢ 通道

➢ 蒙版

问题

这张图片重点在于如何利用通道把头发丝抠下来，再利用蒙版抹掉原图像背景合成完整人物图像，之后为人物换一个背景颜色。如图上机8.3、图8.4所示。

图上机8.3　原图

图上机8.4　效果图

解决方案

（1）首先将原图复制一层，然后进入通道，选取并复制红色通道为红色副本通道。

（2）选取红色副本通道，Ctrl+L进行色阶调整，将头发丝及头发调黑，直至轮廓明显，黑白对比鲜明为止

（3）按下Ctrl键点击红色副本通道图标，Ctrl+Shift+I反选。

（4）点击RGB复合通道，点击图层面板返回图层状态，Ctrl+J复制通道内容到新图层。

（5）在原人物图层下方新建图层，并填充新的背景色或背景图片。

（6）点击原人物图层，添加蒙版，擦除人物以外的图层内容（包括头发间隙后面的背景内容）即可。

指导3　蒙版抠图

完成本任务所用到的主要知识点：

➢ 图层蒙版

➢ 钢笔工具

问题

前面我们学习了蒙版的使用，我们可以使用它进行抠透明效果图。如图上机8.5、图上机8.6所示。

图上机8.5　原图

图上机8.6　　换背景后

分析

从图上机8.3可以看出，原图片的杯子含有紫色信息，所以为了让抠出来的透明杯子更通透一点，必须得先给原图去色。

解决方案

（1）首先将原图复制一层并执行去色（Ctrl+Shift+），并执行Ctrl+C复制一份。

（2）给图层添加蒙版，按住Alt键激活蒙版，并执行Ctrl+V粘贴刚才复制的原图。

（3）只要钢笔工具扣出杯子的轮廓，并把不需要的地方填充为黑色。

（4）在杯子图层下方换上背景图即可。

第2阶段　练习

练习1　人物换脸

问题

结合以上所学知识点实现人物脸部互换，如图上机8.7、图上机8.8、图上机8.9所示。

图上机8.7 原图1

图上机8.8 原图2

图上机8.9 换脸后

提示

可以参考本章课堂上橘子熟了的处理方法。

练习2 人脸祛斑

问题

实现人脸祛斑，如图上机8.10和图上机8.11所示。

图上机8.10　原图

图上机8.11　效果图

提示

（1）打开“通道磨皮”文件，进入通道。

（2）选取对比度最大的通道并复制。

（3）“滤镜→高反差保留”。

（4）“图像→ 计算→混合”选项设置为“强光”（重复该操作多次，直至对比度足够大）。

（5）Ctrl+点击调选最后调整好的通道。

（6）Ctrl+Shift+I（反选）。

（7）点击RGB通道，返回图层方式，Ctrl+J复制通道内容到新图层。

（8）添加曲线调整图层，Alt+单击图层面板中曲线层与通道内容两个图层的交界处，实现剪切蒙版，让曲线调整只对通道复制内容起作用，不影响其他层。

（9）通过曲线对话框对通道提取出来的内容（面部斑点部分）进行提亮处理。

上机9　滤　　镜

上机任务

任务1　使用模糊滤镜制作下雨的效果

任务2　使用滤镜添加线条效果

任务3　使用滤镜制作爆炸特效

任务4　使用风格化滤镜制作草坪效果

第1阶段　指导

指导1　使用模糊滤镜制作下雨的效果

完成本任务所用到的主要知识点：

- 杂色滤镜
- 图像调整
- 模糊滤镜

问题

前面我们学习了图像调整和很多滤镜，现在我们来制作一个下雨的效果，如图上机9.1、图上机9.2所示。

图上机9.1　添加效果之前

图上机9.2　添加效果之后

分析

从图上机9.2可以看出这里面主要需要用到杂色滤镜和模糊滤镜。

解决方案

（1）新建一个图层，填充为黑色。

（2）然后“滤镜→杂色→添加杂色”。

（3）执行“图像→调整→阈值”。

（4）最后执行“滤镜→模糊→动感模糊”。

指导2　使用滤镜添加线条效果

完成本任务所用到的主要知识点：

- 画笔工具
- 扭曲滤镜
- 模糊滤镜

问题

前面我们学习了基础工具和很多滤镜，现在我们来添加线条效果，如图上机9.3、图上机9.4所示。

图上机9.3　添加效果之前

图上机9.4　添加效果之后

分析

从图上机9.4可以看出这里面主要需要用到扭曲滤镜和模糊滤镜。

解决方案

（1）新建一个图层，填充为黑色。

（2）然后用画笔工具随机绘制一些白色点。

（3）执行“滤镜→模糊→径向模糊”。

（4）最后执行“滤镜→扭曲→旋转扭曲”。

（5）把图层混合模式改为滤色，添加一个背景渐变色，并添加一些白色的点。

第2阶段　练习

练习1　使用滤镜制作爆炸特效

问题

结合之前所学知识点，使用滤镜制作爆炸特效，效果如图上机9.5、图上机9.6所示。

图上机9.5　爆炸特效之前

图上机9.6　爆炸特效之后

练习2　使用风格化滤镜制作草坪效果

问题

结合以上所学知识点，使用风格化滤镜制作草坪效果，效果图如图上机9.7所示。

图上机9.7　草坪效果

提示

可以参考本章理论课中的“风格化滤镜”例子。

上机任务

任务1 使用切片工具

任务2 制作羽毛动画

任务3 制作商业网站

任务4 使用动画制作卷轴收缩效果

第1阶段 指导

指导1 使用切片工具

完成本任务所用到的主要知识点：

- 切片工具
- 切片选择工具

问题

前面我们学习了Photoshop的切片工具，现在我们来使用切片工具对图上机10.1的网页进行切片。

图上机10.1 使用切片工具

分析

从图上机10.1可以看出如果只需要其中的图片作为素材，则需要用到Photoshop里面的切片工具进行切片。

解决方案

（1）在工具箱中选择“切片工具”。

（2）然后在网页中找到自己需要的图像进行切片。

（3）执行存储为Web所用格式保存输出图片。

指导2　制作羽毛动画

完成本任务所用到的主要知识点：

- 滤镜
- 动画

问题

前面我们学习了Photoshop的滤镜和动画，现在我们来结合前面所学的滤镜和动画制作出羽毛扇子的动画。如图上机10.2、图上机10.3所示。

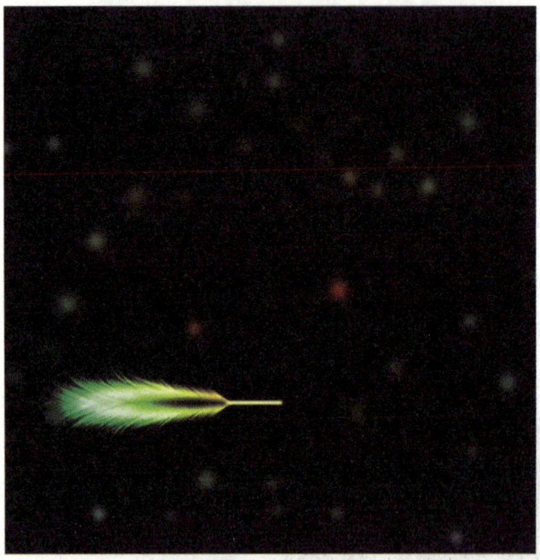

图上机10.2　第1帧

图上机10.3　最后帧

分析

从图上机10.2转换为图上机10.3可以看出只需要做出其中的一根羽毛，然后旋转复制，再分别对每根羽毛进行制作动画即可。

解决方案

（1）先绘制一个矩形填充白色。

（2）然后在执行“风格化”里面的“风”的命令选择大风之后用“扭曲”滤镜。

（3）再旋转复制分别填加颜色的变化并进行制作动画。

指导3 制作商业网站

完成本任务所用到的主要知识点：

- ➢ 辅助线
- ➢ 图形工具、图层样式
- ➢ 文字工具
- ➢ 图层蒙版

问题

商业网制作如图上机10.4、图上机10.5、图上机10.6所示。

图上机10.4　　网页制作1

图上机10.5　　网页制作2

图上机10.6　网页制作3

分析

商业网站制作，首先对整个网站布局非常重要，版面的分布，色调的搭配等是在制作之前需要清楚的。本案例主要用辅助线来划分，由划分的版面用图形工具进行绘制及用图层样式进行修饰，再添加上文字和图片就可以制作出一个商业网站版面。

解决方案

（1）新建一个1002×1105的文件。

（2）用辅助线进行布局，把网页画分为几个部分。

（3）用图形工具进行绘制并填充相应的颜色。

（4）Banner部分的合成是使用添加图层蒙版进行擦除得来的。

（5）添加一些修饰图案及文字完成界面制作。

（6）用切片工具进行切片处理，切片的位置根据网站制作需要进行。

（7）最后输出Web网页。

第2阶段　练习

练习1　使用动画制作卷轴收缩效果

问题

结合以上所学知识点将图上机10.7、图上机10.8的素材，使用动画制作出图上机10.9卷轴收缩的效果。

图上机10.7　使用动画

图上机10.8　制作之前

图上机10.9　制作之后

提示

可以参考本章指导2制作羽毛扇子动画。